王昶　李坤 ◎编著

观赏石概论

化学工业出版社
·北京·

图书在版编目（CIP）数据

观赏石概论/王昶，李坤编著.—北京：化学工业出版社，2022.9

ISBN 978-7-122-41745-9

Ⅰ.①观… Ⅱ.①王…②李… Ⅲ.①观赏型-石-概论 Ⅳ.①TS933.21

中国版本图书馆CIP数据核字（2022）第110549号

责任编辑：邢　涛
责任校对：李雨晴　　　　　　装帧设计：韩　飞

出版发行：化学工业出版社（北京市东城区青年湖南街13号　邮政编码100011）
印　　刷：北京云浩印刷有限责任公司
装　　订：三河市振勇印装有限公司
710mm×1000mm　1/16　印张12¼　字数174千字　2022年9月北京第1版第1次印刷

购书咨询：010-64518888　　　　售后服务：010-64518899
网　　址：http：//www.cip.com.cn
凡购买本书，如有缺损质量问题，本社销售中心负责调换。

前　言

　　"花如解语还多事，石不能言最可人"。观赏石是无言的诗，是立体的画，是凝固的音乐，更是大自然的杰作。我国具有悠久的赏石历史，历代留下了许多脍炙人口的咏石诗篇和赏石典故。观赏石集天地之灵气，具有雅俗共赏的天然品质。石之千姿百态，是大自然鬼斧神工的雕琢；石之五颜六色，是大自然绚丽多姿的再现。随着我国社会发展和人民生活水平的不断提高，人们回归自然、返璞归真的愿望日趋强烈，觅石、藏石、赏石已逐渐成为人们的文化追求之一，赏石正在进入寻常百姓之家。2014 年 11 月 11 日，国务院以国发〔2014〕59 号文件形式印发了《国务院关于公布第四批国家级非物质文化遗产代表性项目名录的通知》。其中，"赏石艺术"作为传统美术类被正式列入国家级非物质文化遗产代表性项目名录。

　　我国幅员辽阔，地质条件复杂多样，具有形成各种不同类型观赏石的独特自然条件。造型石、纹理石的历史悠久，多姿多彩。矿物晶体观赏石以其精致的外形、炫目的光泽和瑰丽的色彩所展示的自然之美，使人赏心悦目，被誉为自然界永不凋谢的"花朵"。化石埋藏在不同地质时代的地层中，既具有极高的科学研究价值，也具有很强的观赏性，是一种神奇、稀有和珍贵的观赏石，可以使人领略到生物演化史上的美妙变迁，其中所蕴藏的科学奥秘，令人凝神深思。观赏石是天然形成的，具有很强的地域性、科学性、稀有性、独特性和商品性，具有很高的经济价值、科研价值和收藏价值，正受到越来越多的观赏石爱好者、收藏者的青睐。

本书在注重介绍观赏石基本知识的基础上，尽可能地将一些新的研究和发展信息融入书中，使读者在获得观赏石知识的同时，也能了解到观赏石领域的最新研究进展。在主观上，力求做到科学性、知识性、艺术性和趣味性相结合。在行文方面力求简明扼要，通俗易懂。

　　本书由广州番禺职业技术学院珠宝学院王昶和李坤编写完成，其中第一、第三、第四、第六章由王昶编写，第二、第五章由李坤编写，稿成后由王昶统稿。在这里需要特别提出的是，在编写过程中，得到了广州番禺职业技术学院珠宝学院老师们的大力支持和帮助，在此表示诚挚的谢意！由于作者水平有限，遗漏和不当之处，竭诚欢迎读者批评指正。

王昶

2022 年 4 月 12 日

目　录

第三章　纹理石观赏石 /45

第四章　矿物晶体观赏石 /75

第五章　化石观赏石 /137

第六章　事件石类观赏石 /169

参考文献 /186

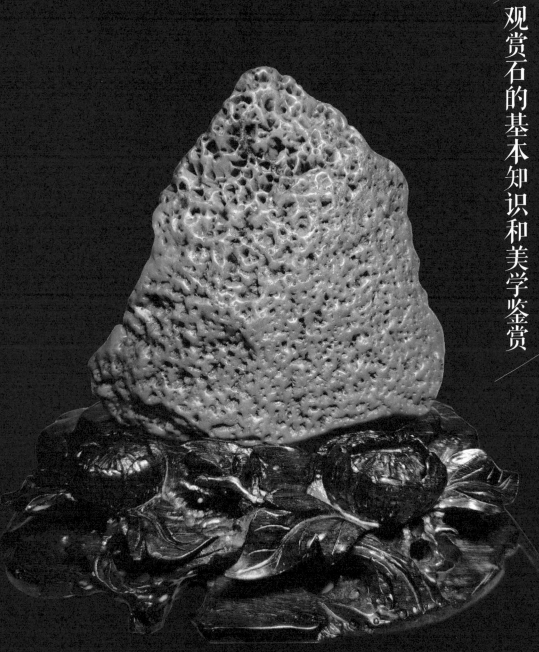

chapter
one

第一章

观赏石的基本知识和美学鉴赏

石头是客观存在的，它的美与生俱来。世界著名的雕塑家，法国人奥古斯特·罗丹曾说过："世间的美无处不在，只是缺少发现美的眼睛。"我国也有句古话，叫"慧眼识珠"。这个"慧眼"，自然就是指一个人的艺术修养和审美眼光。只有用艺术的眼光去观察、去发现，才能从千千万万块普通石头中，挑选出具有审美价值和艺术魅力的观赏石。宋代著名诗人陆游曰："花如解语应多事，石不能言最可人"。石是无言的诗，是立体的画，是凝固的音乐，更是大自然的杰作。

观赏石的概念及分类

一、观赏石的概念

观赏石，顾名思义是指具有观赏价值的石体。应当说明的是，这里的观赏价值是天然具有的，不包括那些经过精雕细刻的石质工艺美术品，如各种不同形制和类型的玉器、石砚等。其中，观赏石可以分为广义观赏石和狭义观赏石两类。

1. 广义的观赏石

广义的观赏石指凡具有观赏、陈列、装饰价值，能使人的感官产生美感、舒适、联想、激情……的一切自然形成的石体。从上述的定义可知，广义观赏石包括了自然地貌景观（如桂林山水、云南昆明石林、世界屋脊珠穆朗玛峰等）。虽然观赏石与自然地貌景观都是具有观赏价值的石体，但两者是有着明显区别的。通常以能否从自然界采集并可整体移动，来区分观赏石和自然地貌景观。其中，以能够采集并可整体移动的称为观赏石，而不能整体移动的称为地貌自然景观。

2. 狭义的观赏石

狭义的观赏石指能够从自然界采集的、天然形成的具有观赏、陈列和收藏价值的各种石体。如矿物晶体、化石、文字石、陨石、造园石、纹理石等，是广义观赏石的一部分，一般所指的观赏石，就是指狭义的观赏石。观赏石的美，贵在天然。作为观赏石，无论其纹理、图案，还是奇特的外部造型，都应保持或基本保持天然艺术状态。

狭义的观赏石一般具有以下特点：

① 天然性。观赏石通常是自然雕琢而成，且保持天然产出状态，没有任何人工加工的痕迹。

② 奇特性。观赏石在色彩、形态、质地、纹理、图案、内部特征（如包裹体）等方面，往往表现出妙趣横生或生动形象等特点，成为"新""奇""美""异""独""特"的石头。

③ 稀有性。观赏石产于自然界的某一特定区域，通常带有某种独有的特征，而成为自然界的稀有之物，显得尤为珍贵。

④ 科学性。一些观赏石包含了深奥的科学内涵，反映了某一阶段（时期）的科学事件，具有重要的科学研究价值。

⑤ 艺术性。观赏石能够给人回味，产生美感、联想和激情……从赏石中陶冶人们的情操，提高美学鉴赏水平。

⑥ 可采性。观赏石采于自然界中，并用于室内收藏、陈列与观赏等。

⑦ 区域性。部分观赏石具有很强的区域性，带有很强的地方特色、地区风格。

⑧ 商品性。观赏石与宝玉石一样，是一种经济价值很高的特殊矿产资

源，具有明显的商品特性。

二、观赏石的分类

观赏石是大自然的杰作，它们的形成与地质作用密切相关。因此，观赏石具有明显的自然属性。观赏石有着悠久的历史和丰富的文化内涵，历史上的文化名人留下了很多脍炙人口的咏石诗篇，我国也曾出现过不少名石和赏石名家。从这个角度而言，观赏石又具有明显的人文属性。

根据观赏石具有自然属性与人文属性的特点，依据观赏石的产出背景、形态特征及所具意义，可以将观赏石分成以下类别。

1. 造型石

造型石是观赏石中最常见的类型，也是中国传统石文化中研究水平最高、理论体系最完善，最具有中国特色的一类观赏石。造型石给人以玲珑剔透、灵秀飘逸，或浑穆古朴、凝重深沉的感觉。

2. 纹理石

纹理石以具有清晰、美丽的纹理或层理、裂理、平面图案为特色，它的观赏性在于石上的自然图案。人们对纹理石的钟爱，常在于它的美在"似"与"不似"之间，以及其所表现出来的内涵和意境。

纹理石上的纹理通常是在成岩时期原生的，或岩石受成矿溶液浸染形成的；还可能是岩石后期风化形成的各种花纹。而一些文字石通常是岩石中热液交代了方解石或石英等细脉构成的。

3. 矿物晶体

包括各种有观赏价值的矿物单晶体、双晶、平行连晶和晶簇等，可分为以下三个亚类。

① 矿物单晶体。指那些形态完美，或色泽艳丽，或晶莹剔透的矿物单晶

体,如柱状水晶和绿柱石、立方体黄铁矿、菱形十二面体石榴子石等。当晶体中含有特殊包裹体时,更具有观赏价值,如发晶、水胆绿柱石等。

②平行连晶和双晶。从晶体内部结构的连续性看,平行连晶是单晶体的一种特殊形式,与双晶不同。但从平行连晶的外部形态看,它与双晶有着同样的形态美。外观上它们都表现为两个或两个以上的同种矿物晶体,规则连生在一起,如柱状水晶的平行连晶,八面体磁铁矿的平行连晶,石膏的燕尾双晶、十字石的穿插双晶等。

③晶簇。由生长在同一基底上的若干个晶体组成,形成晶体群。组成晶簇的晶体,可以是同一种矿物的晶体,如水晶晶簇,也可以是两种或两种以上矿物的晶体,如黄铁矿 - 方解石晶簇、雄黄 - 雌黄 - 方解石晶簇等。

4. 古生物化石

化石是保存在各个不同地质时代地层中的生物遗体和遗迹,它必须反映出一定的生物特征,如形状、大小、结构、纹饰等。化石既具有极高的科学研究价值,也具有一定的观赏和收藏价值。

5. 事件石

事件石是指外星物质坠落,火山、地震等重大自然历史事件中遗留下来的石体,或某种自然历史事件中有特殊意义的石体,主要包括陨石和火山弹。

第二节

观赏石的美学鉴赏

观赏石是立体的画、无声的诗,观赏石的美博大精深,充满着自然美、艺术美和精神美。

一、观赏石的自然美

观赏石是在地质作用过程中形成的,其美首先表现在质地、色彩、形态、纹理等方面的自然美。

1. 质地美

观赏石质地坚硬,结构致密细腻,给人以温润,清纯的美感,有"立体的画""无声的诗"之美誉。

2. 色彩美

观赏石的色彩丰富多彩,有的观赏石通体一色,有的则五光十色,七彩纷呈,观赏石的色彩之美,可以表现在以下方面。

① 专美一色。如辰砂的鲜艳红色,孔雀石的绿色,紫晶的紫色,菱锰矿的粉红色等不一而足。

② 五光十色。如雨花石的五光十色,彩斑菊石的七彩纷呈,美不胜收。

③ 颜色反差。观赏石的不同区域,颜色反差明显,不同程度的颜色对比组合,会呈现出更丰富色彩美的内涵。

3. 形态美

形态美是构成观赏石审美的重要美学要素之一,主要表现在其内外部造型美学的内涵和外延,具体表现在以下方面:

① 圆形美。砾石型观赏石,由于受到河流的搬运作用,经过一定距离的搬运,而呈现椭圆形、扁圆形、长圆形和鸭蛋圆形等"圆"的形状,呈现出特有的圆形美。

② 矿物晶体的形状美。自然界形成的矿物晶体,形状复杂且规则多样,令人赏心悦目。不同矿物的晶体形态,受其结晶学规律的支配,存在着一定的对称性。据此可将不同形态的晶体分成高级、中级和低级三个晶族,等轴、六方、四方、三方、斜方、单斜和三斜七个晶系。再加上双晶、晶簇的不同组合,可以给观赏者留下丰富的联想。

③ 奇形怪状美。承载我国赏石文化历史最悠久的太湖石、灵璧石等造型石类观赏石，就是以千姿百态的奇形怪状和玲珑剔透的形态美，而著称于观赏石界。

4. 纹理美

纹理石以具有清晰美丽的纹理为特色，可以包含各种不同形状和形态的纹理。如雨花石、三峡石、汉江石等纹理石，其纹理曲折多变，或曲，或圆，或旋，或直，变幻莫测。生动活泼的纹理极富动感与灵气，使人浮想联翩。

5. 组合美

形状奇特、色彩艳美、质地俱佳、纹理清晰、配座雅致的观赏石，通常被赏石者公认为上品。因此，各种美为要素的协调统一，能表现出观赏石美的最高境界。

二、观赏石的艺术美

观赏石的艺术美是大自然的杰作，其表现主要为外观上的"呈像"美和内涵的"意蕴"美。

1. 观赏石的"呈像"美

观赏石上的纹理和色彩变化多样，大自然的鬼斧神工，成就了观赏石的万般图像。在观赏石中，人们不仅可以找到不同形态的人物肖像，也可以发现各种各样、惟妙惟肖的飞禽走兽，以及名山大川等自然景观，欣赏观赏石的"呈像"之美。

2. 观赏石的"意蕴"美

观赏石的"意蕴"美，又称"神韵"美、"象征"美。其主要美意不在于具象，而在于画面和形体的"寓意"——蕴藏着什么涵义？象征着什么主题？告诉欣赏者什么？其具体有如下几种表现：

① 吉祥蕴意。象征着吉祥如意的图案出现在观赏石上，如观赏石中出现双龙戏珠、龙凤呈祥、松鹤延年等画面意蕴，尤其受到赏石者的青睐。

② 画面蕴意。是指画面的中心思想，主体内涵，往往表现在观赏石的题目和题诗之中。即某些藏石家公认的"奇石易得立意难求"。观赏石是一门发现的艺术，在自然界发现或找到了一方观赏石，不等于完成了赏石艺术的全过程，尤其是观赏石的意蕴美，需要反复地从鉴赏中体会、感悟。

③ 形体蕴意。一方特异形态的美石寓意何在？不同的人去鉴赏，其结果是不尽相同的。例如一枚圆形的砾石的蕴意，仁者见仁，智者见智，有人说圆形代表"功德圆满"，有人则认为圆形的比表面能最小，而"稳如泰山"等。更复杂形体蕴意，则需要有更高的鉴赏水平，花费更多的时间思索联想，才能得到这种美的享受。

3. 观赏石的抽象美

观赏石之美与其韵律空间成正比，其韵律空间愈大，给鉴赏者留下的补充、联想、回味、神往的余地也愈大，观赏石则愈美。反之，一目了然的一块石头，不能算很美。这说明观赏石的美中，包含着丰富的抽象美的要素。古今艺术界在神形关系上认为"太似为媚俗，不似为欺世"。在观赏石的鉴赏中，许多藏石家也认同这种鉴赏观。观赏石的抽象美表现如下：

① 意境美感。意境是我国美学思想中的一个重要范畴。意境美要求情与景，意与境的统一。意境美是指情景交融，这是衡量艺术美的标准，也应是赏石审美的原则。观赏石意境中包含着优美的形象，丰富的情感，能唤起赏石者的美好联想，即所谓"言有尽而意无穷"，"意在言外，使之思而得之"。李可染曾说："意境是山水画的灵魂"。同理，这也是观赏石美的灵魂。

② 传神美涵。歌德认为："艺术的真正生命在于对个别特征事物的掌握和描述"。传神一般指神形兼备。例如人物画像的观赏石，主要在于表现人物的独特个性特征——人物的神态，尤其是面部表情神态，向鉴赏者所表达的内心世界和精神内涵，尤为重要。

4. 变形美

观赏石的变形美是由观赏石的形体、纹理、色彩及画面的时空变幻，给人以夸张、谐趣的美学享受。同一方观赏石上，在不同季节和时间、不同角度、不同距离上，可观赏到不同的画面，形成一种时空变形的美感。

5. 朦胧美

观赏石上的纹理、色彩变幻飘忽，宛如行云流水，把人带入一种亦真亦幻的奇境，这种富有动感和灵气的复杂画面，使人产生美好的联想，好似印象派画家笔下的抽象画，给赏石者以朦胧美的感受。

三、观赏石的精神美

精神美是社会中积极发展的生活具象，故也可称为社会美。具体有革命英雄形象，劳动产品的创造场面，优秀的品德，高尚的人格等在观赏石形体、画面、蕴意中的表征。

1. 赏石与爱国

自然美的欣赏是美学教育的重要方面，祖国大好河山，风光秀丽，山美、水美、石也美，可以激发人们对生活、对祖国的热爱，并可促使人们将爱国主义思想变成爱国的实际行动。

2. 拜石为师，请石为友

古往今来，我国文人雅士大多爱好藏石赏石，与观赏石结下了不解之缘，他们的藏石故事在千百年后仍被广为传颂。

① 陶渊明卧石。陶渊明（约365—427年）是东晋末年的大诗人，其宅旁边有一方纵横丈余的天然大岩石，他经常坐卧其上赏菊、饮酒、赋诗，后见此石有醒脑提神之独特功效，就给它取名"醒石"。此举引得后人羡慕不已，尊他为赏石的祖师。宋代诗人程师孟在《醉石》一诗中写道："万仞峰前一水傍，晨光翠色助清凉。谁知片石多情甚，曾送渊明入醉乡。"

② 牛公好石。唐代宰相牛僧孺（780—848 年），酷爱太湖石，对太湖石来者不拒，并以太湖石之富而自豪。他的府第中藏石极多。牛公常"与石为伍"，"待石如宾友，亲之如贤哲，重之如宝玉，爱之如儿孙。"一次，苏州太守赠他一块"奇状绝伦"的太湖石，他欣喜异常，特邀白居易、刘禹锡共赏，并为此石留下了数首诗篇。

③ 白居易爱石。唐代著名诗人白居易（772—846 年），深爱太湖石，是唐代赏石鉴赏方法的创始人。他在《太湖石记》中说："百仞一拳，千里一瞬，坐而得之。""三山岳百洞千壑……尽在其中。"退任后，他将收藏的五方太湖石运到香炉峰北遗爱寺西畔，仅以二室、四窗的草堂作垂暮之年安身之地，并在《遗爱寺》诗中写道："弄石临溪座，寻花绕寺行，时时闻鸟语，处处是泉声。"

④ 柳宗元论石。唐代文学家柳宗元（773—819 年），在任柳州刺史期间，对当地的秀石、石砚多有留心。在他的《与卫淮南石琴荐启》中，第一次明确认知并提出了岩石的基本物理属性，提出了要"珍奇、特表殊形"，提炼总结出"形、质、色、声"四大要素，至今还常被人们引为重要的赏石标准。

⑤ 苏轼易石。宋代文学家、书画家苏轼（1037—1101 年），号"东坡居士"，故又称苏东坡，赏石、玩石是他的雅好之一。他在湖北黄州任职时，发现"齐安江上往往得美石"，"温润如玉，红黄白色，其文如人指上螺，精明可爱"，但得之甚难，只有在江边嬉戏的孩子们常可摸到。苏东坡想了个好主意，用糖块和小孩交易。这样他先后得 289 枚，"大者经寸，小者如枣栗菱芡"。还特意用古铜盆注水供养，时常玩赏，怡然自得。

⑥ 米芾拜石。宋代的书画家和玩石大家米芾（1051—1107 年），他一生好石，精于鉴赏。他任无为州监军时，一次，看见衙署内有一立石，十分奇特，高兴得大叫起来："此足以当吾拜。"于是他换了官衣官帽，手握笏板跪倒便拜，并尊称此石为"石丈"。后来他又听说城外河岸边有一块奇、丑的怪石，便命令衙役将它移进州府衙内，米芾见到此石后，大为惊奇，竟得意忘形，跪拜于地，口称："我欲见石兄二十年矣！"

⑦ 沈钧儒赏石。沈钧儒（1875—1963），字秉甫，号衡山，浙江省嘉兴人。我国近代著名的民主革命家、法学家和教育家。他经常说石头是"行旅

的采拾，友好的纪念，意志的寄托，地质的研究"。以石会友，以石交友，是沈钧儒藏石、赏石的一大乐趣。他收藏的石种丰富，有天上的陨石、地下的化石，仅各种矿石标本就有 200 多枚。他把自己在北京的书斋命名为"与石居"，并咏诗道："吾生尤爱石，谓是取其坚。掇拾满吾居，安然伴石眠。至小莫能破，至刚塞天渊。深识无苟同，涉迹渐戋戋。"

抗战期间，国民党元老于右任曾为"与石居"题额并跋识如下："衡山兄爱石成性，所至选石携陶陈列室中，以为旅行纪念。为题斋额，并缀于词：求石友，伴髯翁，取不伤廉用不穷。会见降旗来眼底，石头城下庆成功！"同时为"与石居"题咏的还有冯玉祥、李济深、黄炎培、茅盾、郭沫若等。

冯玉祥的题词是："南方石，北方石，东方石，西方石，各处之石，咸集于此。都是经过风吹日晒，雪侵雨蚀，可是个个顽强，无亏其质。今得先生与石为友，点头相视，如旧相识。且互相祝告、为求国家之独立自由，我们要硬到底，方能赶走日本强盗。"

郭沫若又在后面题了几句赞语："磐磐大石固可赞，一拳之小亦可观；与石居者与善游，其性既刚且能柔。柔能为民役，刚能反寇仇。先生之风，超绝时空，何用补之，以召童蒙。"

这些跋语，说的是石头，赞的却是石头的主人。以石喻人、赏石励志可见一斑。

综上所述，观赏石不仅是物质财富，而且也是精神财富，它可以开拓人们的视野，丰富人们的各种认识，赏石是一种怡神养性，鼓舞励志，有益于身心健康的社会活动。

四、观赏石的鉴赏方法

1. 造型石的鉴赏方法

造型石的鉴赏，主要是发掘造型石形态的内涵和外延，为此需根据赏石的美学要素进行单要素鉴赏，要素组合鉴赏和"呈像"画面鉴赏。鉴赏时既要抓住物象形态赏析，又要注意抽象形态美的认识，赏析中要兼顾总体和局部，重点和一般，内涵和外延。

2. 纹理石的鉴赏方法

纹理石的鉴赏，重点在"意蕴美"的发掘，根据神形和情景等美的要素，反复审美鉴赏，发掘其神韵兼备，情景交融的艺术美内涵，赏析纹理石的最佳意境。

3. 文字石的鉴赏方法

文字石的鉴赏，可以分为以下三种情况：

① 独立鉴赏。一般来说，只有造型精美，具有大家风范的文字石，才能有较高的鉴赏价值，令人感叹天地之造化，大自然的伟力和独具匠心，并从中得到美的享受和启迪。

② 组合鉴赏。将多方不同的文字石，组合成词、句鉴赏，拓宽意境，引发联想。如能和成语名句或神话故事（典故）结合起来，更会激励人们奋发有为，自强不息的拼搏精神，陶冶情操。

③ 记叙故事和小品。文字石积累多了，便能组成语句或短文，记述一定情节或故事，则可增强一般文字石的观赏性，并起到引人入胜的观赏效果。

4. 观赏石鉴赏的一般步骤

观赏石的鉴赏，通常包括以下几个步骤：

① 发现。观赏石的发现可是主动寻找挖掘而发现，也可偶然相遇而得。不管发现过程如何，观赏石的发现，一定是属于有心人，有水平的赏石者。

② 审美。审美是赏石最重要的核心过程，应用更多的时间和精力去完成，否则有可能得而复失，或有而不知韵味。

③ 定位。一方观赏石从不同角度鉴赏效果可能不同。赏石者应通过反复鉴赏，才能选定其最佳定位。最佳的定位有利于发现观赏石最丰富的美学内涵。

④ 题名。观赏石的立意定名，应集中表现主题，应力求做到立意明确，

幽默含蓄，起到画龙点睛的作用。

⑤ 配座。配座是观赏石鉴赏的重要步骤，应遵循烘托主题、美饰装点、平衡重心、协调色调、补缺藏拙的原则。

⑥ 题诗。配诗是许多文人爱石者保留下的古人遗风。观赏石题诗应告诉人们发现者对观赏石的赏析心得，帮助人们提高鉴赏水平，也可通过题诗进行人石对话，赏石之间的交流。

观赏石是大自然的杰作，发现、赏析、定位、题名、配座、题诗等，则是赏石者的创造。赏石者的加工不应改变观赏石的艺术内容，在人工装饰过程中，不能喧宾夺主。

观赏石的一般评价标准

一、东方赏石与西方赏石的差异

在鉴赏观赏石自然美的共同前提下，东方赏石与西方赏石的差异，可以概括为：东方赏石多受人文主导，西方赏石偏重科学支配。

1. 东方赏石

东方传统赏石，主要有造型石、纹理石和文房石三类。

造型石主要指太湖石、灵璧石、英石、昆山石及钟乳石等，是东方赏石的主流。尤以太湖石声誉最高，可为其典型代表。对太湖石的审美评价理论也适用于其他几种。宋元以来，评价太湖石标准为：瘦、皱、透、丑、拙、顽、清、秀，这样的评价标准融进了浓重的人文因素。如"顽"象征坚烈阳刚之美，"拙"象征纯朴敦厚之美；"清"象征超尘脱俗之美。传统赏石一般不探究观赏石的地质成因，而是更多地赋予人的精神观念，实际是将观赏石的自然属性"人格化"。我国赏石还习惯据石的外观形象取以诗境般的美名，如苏州留园的"冠云峰"、上海豫园的"玉玲珑"等，以及钟乳石、风棱石中的"银龙探海""大鹏展翅"等。文学联想可使石头的意义深化，愈加传神。

以雨花石为代表的纹理石，乃东方赏石的又一种类，其范围包括：黄河石、三峡石、汉江石等。收藏者最关注和倾心的是纹理石的内涵意境，即展现出的优美图案、文字。那些人物、山水、花鸟、走兽等图案是依靠人们的艺术灵感和丰富的想象力发掘出来的，这是东方赏石的最重要特征之一，也是将观赏石的自然美升华为人文美的重要过程。

书画篆刻，是中国传统艺术，作为该艺术载体的印章石、砚石，自然备受人们的青睐。无疑，印章石、砚石是依附于传统文化的，东方人之所以器重田黄石、鸡血石、端砚石，除色美质佳外，在心理上或许是缘于对书画篆刻的崇尚。

2. 西方赏石

西方赏石也可划分三大类：矿物晶体、古生物化石和陨石。

西方赏石首推矿物晶体。着重审阅矿物晶体的完美程度和神奇的几何造型，还有晶体的颜色、光泽、质地，以及晶体本身或内含包裹体的稀有性、透明度，共生矿物的组合是否协调美观、珍稀难得。在鉴赏矿物晶体外观美的同时，西方收藏者通常会探究这块矿物晶体的物理化学性质和地质成矿环境。因此，西方的赏石者多从地质学、结晶学、矿物学、矿床学、物理化学等科学的角度，发掘晶体的内在美与神奇之处，用科学的眼光和理性的思维，评价矿物晶体的可赏性和艺术品位。折射率高的矿物晶体光泽强，观赏性就优于折射率低的矿物晶体；共生结晶多的矿物晶体观赏石，其晶形、色彩丰富，观赏性优于单一的矿物晶体观赏石。

西方人对亿万年前的古生物化石极为珍重，他们对化石的认识，不仅在于其奇异神妙，在精神上寻求对大自然远古的一种眷恋回归，而且进行系统的科学研究，因此许多化石爱好者，在兴趣的驱使下，获得了地质学、古生物学的科研成果，并引以为荣。

陨石也是西方赏石者热衷收藏的一类观赏石。陨石是宇宙赐予人类的礼物，在西方国家"陨石狂"很多，热衷于收藏陨石，甚至将其作为研究宇宙天体的标本，很多关于天体探索、生命起源的学术问题，是由"陨石狂"们攻克完成的。

综上所述，东方赏石与西方赏石的差别，是各自的文化背景、性格、信仰等不同所致。

二、观赏石的一般评价标准

自然界可供收藏的石质品很多，但并非所有的都能成为观赏石。评价一件石质品的优劣，是否属于奇、美、异、独、特，有其自身的评价标准，一方优质的观赏石，应该具有以下特征：

①　天然产出；

②　造型奇特，但外观必须稳定、均衡；

③　花纹别致，图案、纹理清晰逼真；

④　晶体完整，晶形无损；

⑤　颜色艳美或色调丰富；

⑥　光泽强烈或自然柔和；

⑦　组合讲究或特色明显；

⑧　珍奇稀少又罕见难求，独一无二者最佳；

⑨　意境深邃，含蓄回味，赏心悦目；

⑩　意义特殊或内涵深远；

⑪　硬度宜大，块度大小适中，便于运输。

不同类型的观赏石，其评价标准各有侧重。古生物化石要求注意个体的完整性、大小、清晰程度、稀有程度等；造型石偏重于"瘦、皱、漏、透"的标准。但是，需要特别指出的是，在观赏石收藏者中，矿物晶体的收藏者在国际上为数最多。尽管各国的历史、文化、习俗差异很大，各地博物馆、藏石者偏爱不一，但随着国际矿物晶体标本贸易的开展和文化交流的不断深入，对观赏矿物晶体的质量评价标准已趋于一致。通常，色泽艳丽、造型奇特、完整粗大、组合多样、天然产状、大小适宜、产量稀少及兼具宝石特性或特殊结晶学、矿物学现象（如双晶、假象、包裹体、发光性）的晶体，备受人们的青睐，因而价值很高。仅发育1~2个晶面的矿物晶体则价值不大。

造型石类观赏石是我国漫长的石文化史上,历史最悠久、理论体系最完善的一类。这类观赏石主要是在各种地质作用(包括溶蚀作用、风蚀作用、淋滤作用等)下,由岩石、矿物等形成的奇形怪状的石体。以各种奇特的造型为特色,收藏者往往追求其形似,注重外部的自然特征。

溶蚀作用形成的造型石类观赏石

一、溶蚀作用的基本概念

1. 地下水

地表以下存在于松散堆积物和岩石孔隙中的水,称为地下水。而岩溶水是指存在于可溶性岩石洞穴内的地下水,有些地方洞穴开阔,水量较大,可形成地下河。

2. 地下水的剥蚀作用

地下水的剥蚀作用又称为潜蚀作用,包括机械潜蚀和化学溶蚀两种方式。

① 机械潜蚀作用。由于地下水的流速缓慢,其机械潜蚀作用强度不大。

② 化学溶蚀作用。地下水对可溶性岩石的溶解破坏作用称为溶蚀作用,又称为岩溶作用或喀斯特作用。

$$CaCO_3 + H_2O + CO_2 \longrightarrow Ca[HCO_3]_2 \downarrow$$

3. 溶蚀作用的基本条件

形成溶蚀作用的基本条件，包括以下几个方面：

① 岩石的可溶性。一般岩溶作用发育的地区，均为可溶性的碳酸盐岩（石灰岩）。

② 岩石中的裂隙发育程度。岩石中的裂隙愈发育，岩石与地下水的接触面积也就愈大，愈利于溶蚀作用的进行。

③ 地下水的溶蚀能力。地下水的溶蚀能力，取决于地下水中所含的 CO_2 的浓度。CO_2 的浓度愈高，则地下水的溶蚀能力也就愈强。

④ 地下水的流动性。处于循环流动状态的地下水，可将溶蚀物质迅速带走，使溶蚀作用持续发展。

二、溶蚀作用形成的观赏石类型

由溶蚀作用形成的观赏石，主要包括：太湖石、灵璧石、英石、巢湖石、昆山石和钟乳石。

（一）太湖石

太湖石为我国四大名石之一，是苏州园林布景的主要观赏石种。宋代赏石大家米芾以"瘦、皱、漏、透"概言太湖石的审美特征。"瘦"即盘骨苍劲、裸露而不臃肿；"皱"是轮廓凹凸不平；"漏"是孔洞能透过光线；"透"则是溶洞密布其内能透水通气。

1. 太湖石文化

唐代著名诗人白居易在《太湖石记》中载有："石有族聚，太湖为甲，罗浮、天竺之族次焉。"唐代身居相位之尊的牛僧孺，在洛阳的府第中收藏了很多的太湖石。更有趣的是，牛僧孺嗜石到了"游息之时，与石为伍。"甚至到了"待之如宾友，视之如贤哲，重之如宝玉，爱之如儿孙"的境地。曾有人对太湖石的形状进行了极为精彩的描述：有的盘曲转折，美好特出，像仙山，像轻云；有的端正庄重，巍然挺立，像神仙，像高人；有的细密润泽，像人工做成的带有玉柄的酒器；有的有棱有角、尖锐有刃口，像剑像戟。又有像龙的有像凤的，有像蹲伏有像欲动的，有像要飞翔有像要跳跃的，有像鬼怪的有像兽类的，有像在行走的有像在奔跑的，有像撄取的有像争斗的。当风雨晦暗的晚上，洞穴张开了大口，像吞纳乌云喷射雷电，卓异挺立，有令人望而生畏的；当雨晴景丽的早晨，岩石山崖结满露珠，像云雾轻轻擦过，黛色直冲而来，有和善可亲堪可赏玩的。黄昏与早晨，石头呈现的形态千变万化，无法描述。

　　唐代诗人白居易、刘禹锡与宰相牛僧孺，在牛僧孺的洛阳府第，一起欣赏太湖石，并吟诗留存。白居易《奉和思黯相公以李苏州所寄太湖石奇状绝伦因》："错落复崔嵬，苍然玉一堆。峰骈（pián）仙掌出，罅（xià）坼（chè）剑门开。峭顶高危矣，盘根下壮哉。精神欺竹树，气色压亭台。隐起磷磷状，凝成瑟瑟胚。廉棱露锋刃，清越扣琼瑰。炭虆（yè）形将动，巍峨势欲摧。奇应潜鬼怪，灵合蓄云雷。黛润沾新雨，斑明点古苔。未曾栖鸟雀，不肯染尘埃。尖削琅玕笋，洼剜（wān）玛瑙罍（léi）。海神移碣石，画障簇天台。在世为尤物，如人负逸才。渡江一苇载，入洛五丁推。出处虽无意，升沉亦有媒。拔从水府底，置向相庭隈。对称吟诗句，看宜把酒杯。终随金砺用，不学玉山颓。疏傅心偏爱，园公眼屡回。共嗟无此分，虚管太湖来。"

　　刘禹锡《和牛相公题姑苏所寄太湖石兼寄李苏州》："震泽生奇石，沉潜得地灵。初辞水府出，犹带龙宫腥。发自江湖国，来荣卿相庭。从风夏云势，上汉古查形。拂拭鱼鳞见，铿锵玉韵聆。烟波含宿润，苔藓助新青。嵌穴胡雏貌，纤铓虫篆铭。孱（chán）颜傲林薄，飞动向雷霆。烦热近还散，馀醒见便醒。凡禽不敢息，浮壒（ài）莫能停。静称垂松盖，鲜宜映鹤翎。忘忧常目击，素尚与心冥。眇小欺湘燕，团圆笑落星。徒然想融结，安可测年龄。采取询乡耋（dié），搜求按旧经。垂钩入空隙，隔浪动晶荧。有获人争贺，欢谣众共听。一州惊阅宝，千里远扬舲（líng）。睹物洛阳陌，怀人吴御亭。寄言垂天翼，早晚起沧溟。"

　　牛僧孺《李苏州遗太湖石奇状绝伦，因题二十韵，奉呈》："胚浑何时结，嵌空此日成。掀蹲龙虎斗，挟怪鬼神惊。带雨新水静，轻敲碎玉鸣。挽叉锋刃簇，缕络钓丝萦。近水摇奇冷，依松助潚清。通身鳞甲隐，透穴洞天明。丑凸隆胡准，深凹刻兕（sì）觥。雷风疑欲变，阴黑讶将行。噤瘁微寒早，轮囷（qūn）数片横。地祇愁垫压，鳌足困支撑。珍重姑苏守，相怜懒慢情。为探湖里物，不怕浪中鲸。利涉余千里，山河仅百程。池塘初展见，金玉自凡轻。侧眩魂犹悚（sǒng），周观意渐平。似逢三益友，如对十年兄。旺兴添魔力，消烦破宿酲（chéng）。媲人当绮皓，视秩即公卿。念此园林宝，还须别识精。诗仙有刘白，为汝数逢迎。"

宋徽宗赵佶在京城（开封）建造艮岳（又称万寿山）时，令下面的官吏，收集各种太湖石上贡，运太湖石时，曾以十只船组成一"纲"，这就是历史上有名的"花石纲"。

宋代杜绾成书的《云林石谱》对太湖石则有如下的记载："平江府太湖石产于洞庭水中，性坚而润，有嵌空穿眼宛转险怪势。一种色白，一种色青而黑，一种微青，其质纹理纵横，笼络隐起，于石面遍多坳坎，盖因风浪冲激而成，谓之弹子窝，扣之，微有声，采人携锤錾入深水中，颇艰辛，度其奇巧取凿，贯以巨索，浮大舟，设木架，纹而出之。其间稍有巉（chán）岩特势，则就加镌砻取巧，复沉水中经久，为风水冲刷，石理如生，此石最高有三五丈，低不逾十数尺，间有尺余，唯宜植立轩槛，装治假山，或罗列园林广树中，颇多伟观，鲜有小巧可置几案间者。"

2. 太湖石的成因

太湖石属于被溶蚀的石灰岩，多为灰色（图 2-1）、黑色（图 2-2）。太湖地区广泛分布着（2~3）亿年前的石灰岩，丰富的地表水和含有 CO_2 的地下水，沿着纵横交错的石灰岩节理裂隙无孔不入地溶蚀，又经太湖水的浪击波涤，天长日久使石灰岩表面及内部形成许多漏洞、皱纹、凹槽。在漫长的岁月里，逐步形成经大自然精雕细琢、曲折圆润的太湖石。

3. 太湖石鉴赏

太湖石自古以来，被称为我国四大玩石之一。除了故宫等皇家花园中布置的太湖石外，目前，国内最有名的太湖石如下。

图2-1 灰色太湖石

图2-2 黑色太湖石

① 苏州留园——冠云峰。石高 6.5m，清秀挺拔，以瘦、秀著称，四面入画，峰顶似鹰飞扑而下，峰底若龟昂首，呈 "鹰头龟" 状，有江南园林峰石之冠的美誉（图 2-3），已列入 1980 年 "苏州园林——留园" 第四枚特种邮票中（图 2-4）。

图2-3　苏州留园——冠云峰

② 上海豫园——玉玲珑。置于上海豫园内玉华堂前，高约 4m，俏丽精致，石上的 72 个孔穴，据古书记载："尝以一炉置石底，孔孔出烟，以一盂水灌石顶，孔孔流泉。"（图 2-5）

图2-4　冠云峰特种邮票

图2-5 上海豫园——玉玲珑

③ 苏州第十中学内——瑞云峰。峰高 5.12m，宽 3.25m，厚 1.3m，涡洞相套，褶皱相叠，剔透玲珑，被誉为妍巧甲于江南。（图2-6）

图2-6 苏州第十中学内——瑞云峰

④ 苏州狮子林——湖石峰（图 2-7）。

图2-7 苏州狮子林——湖石峰

⑤ 南京瞻园——仙人峰。峰高 2.7m，据传系北宋花石纲遗物，因其形态宛如婀娜多姿的仙女含羞而立，而得名（图 2-8）。

图2-8 南京瞻园——仙人峰

⑥北京颐和园乐寿堂——青芝岫。北京颐和园乐寿堂院内，有一块卧在汉白玉石座上的北太湖石名叫"青芝岫"，长 8m，宽 2m，高 4m，重达二十几吨（图 2-9）。乾隆十六年（1751 年），弘历皇帝去西陵祭祖，遇见此石，感叹大石的雄伟和其不凡的经历，于是命人将石运到正在修建的万寿山清漪园（颐和园前身）乐寿堂前，取名为"青芝岫"，并作青芝岫诗及序："米万钟《大石记》云：房山有石，长三丈，广七尺，色青而润，欲致之勺园，仅达良乡，工力竭而止。今其石仍在，命移置万寿山之乐寿堂，名之曰青芝岫，而系以诗。"

图2-9　北京颐和园乐寿堂——青芝岫

由于多年风化，现在"青"字已脱落，"芝岫"二字还清晰可辨（图 2-10）。乾隆的《青芝岫诗》也还残留于石上，东侧的"莲秀"，西侧的"玉英"，以及汪由敦、蒋溥、钱陈群等朝廷重臣的题字均清楚可见。

4. 太湖石评价

评价太湖石的优劣，都以瘦、皱、漏、透为标准。

图2-10　青芝岫

①　瘦。指石的体态苗条多姿,有迎风玉立之势;或者说石体挺拔俊秀,线条明晰。

②　皱。指石体表面多凹凸,高低不平,阳光下出现有节奏的明暗变化。

③　漏。指石体具大孔小穴,上下、左右、前后孔孔相套,八面玲珑。

④　透。指石体玲珑多孔,石纹贯通,具有"纹理纵横,笼络隐起"。

此外,太湖石的评价,还可再加上四个字"清、顽、丑、拙"。

①　清。指太湖石具有阴荣秀丽之美。

②　顽。指太湖石具有坚烈阳刚之美。

③　丑。指太湖石具有愚拙奇异之美。

④　拙。指太湖石具有浑朴敦厚之美。

(二)灵璧石(八音石)

灵璧石峰峦洞壑,岩釉奇巧,清润奇秀,色彩艳丽,是一种结晶很细、结构致密的碳酸盐岩岩石。这种石头神韵天然,扣之有声,敲击会发出金属般类似八个音符的声音,故又称之为"八音石"。因产于"山川灵秀,石皆如璧"的安徽省灵璧县而得名。

　　灵璧石的外形千姿百态，瘦、皱、漏、透、清、润、丑、拙，以天然形态为奇；外表色彩斑斓，赤、橙、黄、绿、青，黑如墨玉，白如羊脂，姹紫嫣红，五彩缤纷；质地坚韧，莫氏硬度在4以上，致密的结构使其润泽和顺；表面纹理清晰流畅，呈现出原始沧桑和线条的韵律美；叩之"声如青铜"，发出淙淙之声，余音袅袅，久久不绝于耳，以石制成的灵璧"磬石"其音"清越如金玉"（图2-11）。

1. 灵璧石文化

　　唐代社会稳定，许多著名诗人如白居易、刘禹锡、杜牧等都是灵璧石的爱好者。白居易在今宿州毓村东林草堂居住时，常徜徉于灵璧山水之间，将奇形怪状的灵璧石置于中庭，支琴煮酒，傲啸觞咏。白居易还在总结赏石经验的基础上，提出了著名的《爱石十德》："养性延容颜，助眼除睡眠，澄心无秽恶，草木知春秋，不远有眺望，不行入洞窟，不寻见海埔，迎夏有纳凉，延年无朽损，昇之无恶业。"比较全面地概括了赏石的文化意趣，为赏石理论的发展奠定了基础。

图2-11　灵璧石

陆游在自己的庭园中放置灵璧石，在《幽思》诗中写道："云际茅茨一两间，春来幽春日相关。临窗静试下岩砚，欹枕卧看灵璧山。红练带飞俱意得，锦熏笼暖尚香悭。今朝社过添惆怅，高栋巢空燕未还。"可谓传真意切，且具有极美的意境。

宋代《云林石谱》中，对灵璧石有这样的记载："宿州灵璧县，地名磬山，石产土中。岁久穴深数丈，其质为赤泥渍满，土人以铁刃遍刮，凡三两次，既露石色，即以黄蓓帚或竹帚兼磁末刷清润，扣之，铿然有声。石底多有渍土不能尽去者，度其顿放，即为向背，石在土中，随其大小，具体而生，或成物状，或成峰峦，巉岩透空，其状妙有宛转之势，或多空塞，或质偏朴，或成云气、日月、佛像，或状四时之景，须藉斧凿修治磨砻，以全其美，或一面，或三面，若四面全者，即是从土中生起，凡数百之中无一二。有得四面者，多是石尖，择其奇巧处镌治，取其底平。顷岁，灵璧张氏兰皋，列巧石颇多，各高一二丈许，峰峦岧窦，嵌空具美，大抵亦三两面，背亦着土。又有一种，石理嶙峻，若胡桃壳纹，其色稍黑，大者高二三尺，小者尺余，或如拳大，坡拖拽脚，如大山势，鲜有高峰岧窦。又有一种，产新坑黄泥沟，峰峦嵌空奇巧，亦须刮治。扣之，稍有声。但石色青淡，稍燥软，易于人为，不若磬山清润而坚，此石宜避风日，若露处日久，即色转白，声亦随减，书所谓泗滨浮磬是也。"

宋代文豪、大书画家米芾素以爱石而著称，有"石痴米颠"之称。米芾在晚年得到了一块形似山坳的灵璧石，如获至宝。这块石头因其势态如山峦起伏，且又有凹陷如潭的山坳之形，恰好可做墨池来研墨。米芾对其爱不释手，据说他连续三天夜晚，抱着这块灵璧石入睡。即便是这样，米芾还是意犹未尽，某一夜，夜朗星稀，米芾挥毫泼墨，留下千古名帖《研山铭》，这也成为石痴米芾爱石、颂石的千古佳作。《研山铭》的第一部分有米芾对这块奇石山子的描绘："五色水，浮昆仑。潭在顶，出黑云。挂龙怪，烁电痕。下震霆，泽厚坤。极变化，阖道门……"。第二部分有手绘研山图，并有篆书题款："宝晋斋研山图，不假雕饰，浑然天成"。这样，这座被米芾钟爱的研山成了一块山形的砚台。米芾还在这绘就的研山奇石图的各部位用隶书标明："华盖峰""月岩""方坛""翠岚""玉笋""上洞口""下洞三折通上洞予尝神游于其""龙池遇天欲雨则津润""滴水小许在池内经旬不竭"等字样。应该说，从有记载的史料上看，米芾的《研山铭》中所绘写的研山墨池，属于最早文人心中的山子了。

2. 灵璧石成因

灵璧石主要以滨海-浅海相与潟湖相的碳酸盐岩组成，呈薄-中厚层及厚层状构造，距今已有7亿年的历史。其中磬石为粉晶石灰岩，呈显微它形等粒镶嵌结构，主要矿物成分为方解石，而黑色的灵璧石，主要矿物成分除方解石外，还含有较多的泥质成分。

若问灵璧石的"透、漏、瘦、皱"因何而来，主要取决于岩石的岩性特征，组成灵璧石的岩性为具有微细层理的细晶灰岩，局部层间有小型褶皱，岩石上还具有北东、北西两个方向的节理构造，所以在7亿年的漫长岁月里，在外营力地质作用下，易溶的石灰岩被溶蚀出穿透、连贯的洞穴，造成奇特的"透、漏"现象；节理的劈裂，再经风化作用修削，正是"瘦"产生的主要原因；不同岩性同生变形构造，小型褶皱表现出的差异风化，恰好是制造"皱"的原因（图2-12，图2-13）。

图2-12　灵璧石　　　　　　　图2-13　灵璧石

3. 灵璧石鉴赏

"灵璧一石天下奇，声如青铜色如玉"。灵璧石的鉴赏，主要体现在音韵、质地、色彩和纹理等四个方面。

① 音韵。灵璧石独具妙音，犹如金振玉鸣，历来有金石之声的说法。扣之有声，克谐八音。声是灵璧石奇妙之所在，自古便被选作制磬的材料。

② 色彩。灵璧石包括：黑色、白色、五彩色（红、黄、青、蓝）搭配，各色兼具。黑如墨玉，白如羊脂。

③ 质地。灵璧石粗犷苍老、矽腻相兼、细腻若肤、温润如玉。莫氏硬度大于4，利于收藏。

④ 纹理。灵璧石在皮表多具有深浅不一的凸凹纹理，主要包括：线纹、胡桃纹、蜜枣纹、沙粒纹、树皮纹、鸡爪纹、螺旋纹、龟纹、山石皴纹、金丝脉纹、银丝脉纹和赤丝脉纹等，各得其妙。

4. 灵璧石评价

灵璧石的评价，可概括为："瘦、透、漏、皱、丑"五字。

① 瘦。体态窈窕，实兀嵌空。乃阳刚之谓，刚硬苗条，中枢坚挺，不肿不疲，骨气昂然。

② 透。洞豁贯穿，玲珑剔透。石多孔多洞，灵动飞舞，仰俯观之多姿多势。

③ 漏。空穴委曲，鬼斧神工。漏者，茅屋夜雨，柳稍垂露，上下可穿行也。上可乘天冰，下可接地气，惟漏可行。石峰有漏，则体若莲瓣。

④ 皱。皱毂叠浪，岩窦纵横。皱石之外像，其纡回峭折，氤氲连绵，起伏松弛，阴阳正背，石肤收放皆归于皱。

⑤ 丑。丑极则美，美极则丑。丑而雄，丑而秀，乍看怪丑，实则秀美。丑是自然天成，大璞不雕，返璞归真的美学观念，是赏石的最高品位。

（三）英石（英德石）

英石（又名英德石），因产于广东省英德市而得名。英德市地处粤北山区，岩溶地貌发育，裸露的石灰岩经自然力长期作用而形成的玲珑剔透、雄奇突兀、千姿百态的石灰岩类观赏石，具有极高的观赏和收藏价值（图2-14，图2-15）。早在宋朝，英石就被列为贡品。到了清代，英石与太湖石、灵璧石齐名。

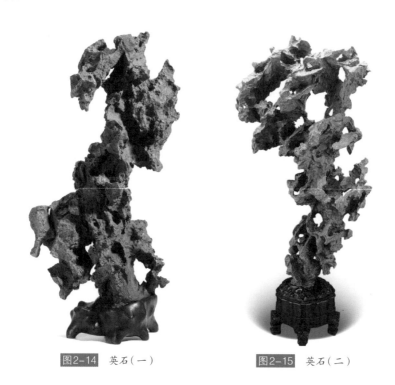

图2-14　英石（一）　　　　图2-15　英石（二）

1. 英石文化

历代文人雅士以及能工巧匠对英石的喜爱和研究，使得英石的文化内涵极其丰富。宋代杜绾《云林石谱》中，对英石有这样的记载：英州含光、真阳县之间，石产溪水中，有数种，一微青色，间有白脉笼络；一微灰黑；一浅绿。各有峰峦，嵌空穿眼宛转相通。其质稍润，扣之微有声。又有一种色白，四面峰峦耸拔，多棱角，稍莹澈，面面有光，可鉴物，扣之无声。采人就水中度奇巧处錾取之，此石处海外辽，贾人罕知之，然山谷以谓象江太守，费万金载归，古亦然耳。顷年东坡获双石，一绿一白，目为仇池，石乡人王郭夫亦尝携数块归，高尺余，或大或小，各有可观，方知有数种,不独白绿耳。

宋代汴京艮岳已使用英石造景,北京故宫御花园也用英石缀景,著名的岭南"四大名园",佛山市顺德区的清晖园、禅城区的梁园,广州市番禺区的余荫山房和东莞的可园,其主景均为英石所造。清代诗人朱彝尊《岭南归舟》诗曰:"曲江门外趁新墟,采石英州画不如。罗得六峰怀袖里,携归好伴玉蟾蜍。"清代陈洪范的《英石诗》:"问君何事眉头皱,独立不嫌形影瘦。非玉非金音韵清,不雕不刻胸怀透。甘心埋没苦终身,盛世搜罗谁肯漏。幸得砭砭磨不磷,于今颖脱出诸袖。"写出了英石的特征。

2. 英石成因

英石是石灰岩类观赏石,是石灰岩经风化、溶蚀等地质作用而形成的天然观赏石。既可用作园林景石、也可制成假山,还可用作观赏石。英石也具有"瘦、皱、漏、透"的特点。英石的莫氏硬度通常为 4~6。

3. 英石鉴赏

英石大气,可以独立成景,在公园、庭院、街头"置"上一件或几件巨型英石,立即可使环境增添几分秀气。挑选一些有意境、有寓意、象形的英石小件或小品,配上几座、几架,摆放在案头或博古架上,会使厅堂、书房增添许多文化气息。

国内最著名的英石,应为矗立在杭州西湖曲院风荷景区江南名石苑内的绉云峰(图 2-16)。通高 2.6m,狭腰处仅 0.6m,"形同云立,纹比波摇,体态秀润,天趣宛然"。与苏州第十中学内的"瑞云峰"、上海豫园的"玉玲珑",并称为江南三大名石。

(四)巢湖石

巢湖石,产于安徽巢湖地区,是各类碳酸盐岩在漫长、复杂的地质作用过程中,经过各种外力地质作用,被雕琢而成的造型奇特的各种造型石的总称(图 2-17)。

图2-16　杭州西湖曲院风荷景区江南名石苑内——绉云峰

图2-17　巢湖石

1. 巢湖石文化

巢湖石文化底蕴深厚,宋代杜绾的《云林石谱》中以"无为军石"之名载入其中。曰:"无为军石产土中,连接而生,择其巧者即断取之。易于洗涤,不着泥渍,石色稍黑而润,大者高数尺,亦有盈尺及五六寸者,多作群山势,扣之有声,至有一段二三为间,群峰耸拔连接高下,凡数十许,巉岩涧谷,不异真山。顷年维扬俞次契大夫家获张氏一石,方圆八九尺,上有峰峦,高下不知数,中有谷道相通,目之为千峰石,又米芾为太守,获一石,四面巉峻险怪,但石所出不广,佳者颇艰得之。"

赏石史上著名的"米芾拜石"的趣闻典故,也是源自于巢湖石。米芾博雅好石,精于鉴赏,在巢湖无为任官时,将巢湖石收于今天的米公祠"拜石亭",尊为石丈,顶礼膜拜,并自作《拜石图》。康熙《巢县志》中也有关于巢湖石的记载:"前人每于此搜取玲珑怪石,以为园林之玩",记录了巢湖石的主要特点和功用。

2. 巢湖石鉴赏

巢湖石形态奇巧、鬼斧神工,尽显造物神奇,有具象类的,如虎、兔、马形等,又如老生作揖、仰天长啸、金鸡啼鸣等;也有抽象类的,这类巢湖石并不拘泥于具体的形象,根据其自然天成的形态特点,人们能够从中领略到别样的韵味,有形无形之间尽显自然的和谐之美。巢湖石石体遍布孔洞,洞与洞之间相互穿插,呈现出"云头雨脚"的自然美。

巢湖石色泽丰富,"一石一色",红、白、黑、黄、灰等,有的大块石头以一色为主,有的石头则兼具几种颜色,浑然天成,不同色彩相得益彰。

(五)昆山石

昆山石因产于江苏昆山玉峰山而得名。昆山石小巧玲珑,其色白多窍,峰峦嵌空,玲珑秀美,故又被称为玲珑石(图2-18)。

1. 昆山石文化

昆山石的开采可以追溯到宋代,至今已有上千年的历史。宋代杜绾的

《云林石谱》中记载："平江府昆山县石产土中,多为赤土积渍,既出土,倍费挑剔洗涤。其质磊块,巉岩透空,无耸拔峰峦势。扣之无声。土人唯爱其色之洁白,或种植小木,或种溪荪于奇巧处,或置立器中,互相贵重以求售。"元代诗人张羽曾诗曰:"昆邱尺璧惊人眼,眼底都无蒿华苍。隐岩连环蜕仙骨,重于沉水辟寒香……"。清代诗人归庄《昆山石歌》:"昔之昆山出良璧,今之昆山产奇石。出璧之山流沙中,产奇石者在江东。江东之山良秀绝,历代人才多英杰。灵气旁流到物产,石状离奇色明洁。神工鬼斧研千年,鸡骨桃花皆天然。侧成堕山立成峰,大盈数尺小如拳。奇石由来为世重,米颠下拜东坡供。今日东南膏髓竭,犹幸此石不入贡。贵玉贱石非通论,三献三刖千古恨。石有高名无所求,终老山中亦无怨。世道方看玉碎时,此石休教更衒奇。"

图2-18　昆山石

2. 昆山石鉴赏

昆山石既有太湖石的美姿,又具有钟乳石的秀逸,更兼白如圭玉,洁似沉璧的色质。古人赞之为"春云出岫,秋水生波",令人爱不释手(图2-19)。

昆山石　秋水横波

昆山石　春云出岫

图2-19　昆山石——秋水生波和春云出岫

（六）钟乳石

根据各种洞穴沉积物的成因，最常见的钟乳石品种，主要包括以下类别：

1. 钟乳石

钟乳石是岩溶洞穴中最常见的一种洞穴观赏石。从洞顶向下延伸，以色泽艳美、晶莹剔透者观赏价值最高。石钟乳的横切面具有中央通道和同心圆结构（图 2-20）。

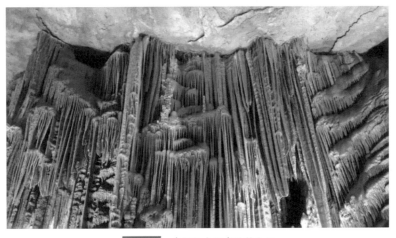

图2-20　贵州织金洞中的钟乳石

2. 石笋

石笋是由洞底往上增高的 $CaCO_3$ 堆积体，形态呈锥状、塔状及盘状等。石笋的横切面没有中央通道，但具有同心圆状结构（图 2-21，图 2-22）。

图2-21　银雨树——贵州织金洞塔状石笋

图2-22　霸王盏——贵州织金洞塔状石笋

3. 石柱

石柱是钟乳石和石笋相向增长，直至两者连接而成的柱状体（图2-23）。

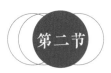 石柱（贵州织金洞）

第二节

风蚀作用形成的造型石类观赏石

大气圈对流层中空气的近水平运动称为风。风自身的力量和所携带的砂土对地表进行破坏的地质作用，称为风的剥蚀作用（风蚀作用）。风对岩石的破坏、迁移、堆积，可以形成独特的地形地貌，以及鬼斧神工的造型石类观赏石。

一、风蚀作用的方式和特点

风蚀作用包括：吹蚀和磨蚀两种作用方式。

1. 吹蚀作用

指风本身在流动时，由于风的迎面冲击力和因紊流及涡流产生的上举力，使地面松散碎屑物或基岩风化产物吹起或剥离原地的作用。

2. 磨蚀作用

被风吹扬起的碎屑物质，在沿地表运动时对地面岩石的碰撞和磨损。

二、风蚀作用形成的造型石类观赏石鉴赏

1. 风棱石

指由风蚀作用把地面松散物中的石块磨成具光滑面和明显棱角的砾石。视棱的多少，可划分为：单棱石、三棱石和多棱石。主要矿物成分为：玛瑙、玉髓、石英、水晶等。外形似橄榄核，表面光滑，呈微凹或稍凸柳叶形曲面，美丽多姿。

①风棱石的形成过程。长期的磨蚀——磨光面——风向改变或砾石翻转——新的磨光面——两个磨光面之间形成明显的棱。

②风棱石的特点。风棱石具有质地细腻、坚硬耐磨、造型奇特、色彩多样、玲珑剔透、意境深邃、尺寸适宜、适于观赏等特点（图 2-24，图 2-25）。

2. 沙漠漆

在沙漠或戈壁地区的石块，一些原地崩解而成的各种形状的岩石，由于毛细管作用，与地面接触的一面，受地下水浸润蒸发后，常在石体表面覆盖一层红棕色氧化铁和黑褐色氧化锰薄膜，又经戈壁风沙研磨、抛光，如同彩色油漆一般，鲜艳美丽。因为石块表面似涂抹了一层油漆一样，称之为沙漠漆（图 2-26，图 2-27）。

图2-24 风棱石（一）

图2-25 风棱石（二）

图2-26 沙漠漆（一）

图2-27 沙漠漆（二）

沙漠、戈壁地区风大，可以吹动石头在地面翻滚。因此，石头的各面都有形成沙漠漆的可能，形成时期不同，往往其表面颜色上有所变化。在我国沙漠漆仅分布于内蒙古、甘肃、青海和新疆等地。

3. 风蚀蘑菇

孤立突出的基岩露头，经受风蚀作用时，近地面部分被磨蚀得多，高处被磨蚀得少，形成类似蘑菇状外表的岩石，称为风蚀蘑菇（图 2-28 ）。

图2-28　风蚀蘑菇

4. 蜂窝石

当地面的岩石是由多矿物组成时，由于不同矿物具有不同的硬度，它们经受风沙的磨蚀，磨损程度不等，结果使岩石表面形成类似蜂窝的形状，这样的岩石称为蜂窝石（图 2-29 ）。

图2-29 蜂窝石

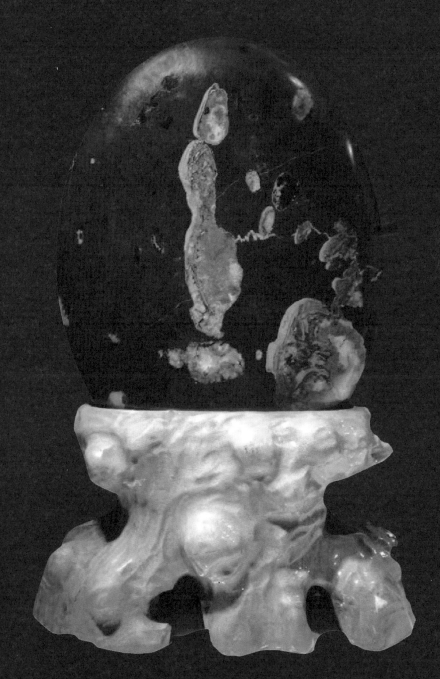

纹理石观赏石（又称图案石、画面石），以具有清晰、美丽的纹理或层理、裂理、平面图案为特色。这类观赏石上的纹理，主要是成岩时期原生的，或岩石受矿液浸染形成的，或是岩石受风化作用所形成的。纹理或层理、裂理、平面图案清晰、美丽，包括山水、人物、鱼虫、花鸟，以及象形文字、英文字母、阿拉伯数字等，绚丽多姿，惟妙惟肖。

平面图案往往是由氧化铁、氧化锰等物质，沿着岩石的裂隙、层理和裂理浸染胶结而成。而象形文字、英文字母和阿拉伯数字等，则是由方解石或石英等浅色矿物沿着岩石的裂隙、层理和裂理呈细脉穿插而成。纹理石观赏石包括：南京雨花石、宜昌三峡石、兰州黄河石、柳州红河石等。纹理石天然成画，蕴涵深邃，悟石度人。真可谓一石一世界，一石一亘古。它是掌中的乾坤，架上的山河；一个典故，一点哲思，一草一木，都会给人带来一个启迪，一些愉悦，一种力量。

观石见自然。高山峻岭、飞瀑流泉、风雨雾雪、松梅竹菊、飞禽走兽等自然美景都能"画"在纹理石上。宋代文豪苏东坡在《文登石诗》中写道："我持此石归，袖中有东海，至于盆盎中，日与山海对。"他在一块纹理石上看到了大海、高山、日出、日落。收藏者往往追求其神似，注重它所表现出的内涵和意境。

纹理石表现形式丰富多彩，或写实，或象征，或粗犷，或秀丽，或雄奇，或柔媚，或繁茂，或简约，或古拙，或精细……，演绎出纹理石个性突出、少有雷同的独特魅力。如同汇集了不同艺术家的作品，风格各异，气象万千，给人极大的想象空间。表面构图的形式美，深厚广博的内在美，让人越看越有味，越看越耐看。实为天工，宛若人作！

纹理石观赏石主要分布在河流的边滩、河漫滩和阶地的砂砾层中，以及山前洪积扇和海滨地区的卵石滩等。

第一节

河流的侵蚀作用形成的纹理石观赏石

河流从高处向低处流动的过程中，不断地对河谷的谷底和谷坡进行冲蚀破坏，这个过程称为河流的侵蚀作用。河流的侵蚀作用可以进一步划分为：底蚀作用和侧蚀作用。

河流的底蚀作用是指河流冲刷河床底部岩石，使河床降低的作用。河流的底蚀作用，取决于河床岩石的软硬、河流的含砂量以及河水的流速。

河流的侧蚀作用是指河水以自身的动力并以其搬运的泥砂侵蚀河床的两侧或谷坡，促使河床左右迁移或谷坡后退的作用。

河流是陆地上最强壮的"搬运工"。河水将地表风化剥蚀的碎屑物质、河流侵蚀河谷所产生的碎屑，以及地下水带来的溶解物质，从河流的上游搬运到下游以至湖泊、海洋中，这个过程称为河流的搬运作用。大多数纹理石观赏石，分布在河流的边滩、河漫滩及阶地的砂砾层中，它们是经河流的搬运、沉积而成。

一、雨花石

雨花石被誉为"石中皇后"，以其浑然天成、千变万化的线条和绚丽斑斓的色彩，独具魅力，堪称观赏石中的佼佼者。雨花石集多重美誉于一身，五彩缤纷，艳丽多姿。

1. 雨花石的分类

何谓雨花石？这是一个专有名词，特指产于南京地区新近系雨花台组地层中，具有一定观赏价值的砾石。

雨花台组地层分布于南京雨花台、菊花台、西善桥，六合区的灵岩山、小盘山、方山以及仪征、江浦等地。雨花台组地层的岩性，主要为灰白、灰黄色砂砾岩、含砾砂岩，局部夹粉红、灰绿色泥岩、含粉砂泥岩、钙质粉砂岩。所含砾石主要成分有：石英岩、石英砂岩、硅质岩，次为脉石英、燧石、砂岩、安山岩、变质流纹岩、花岗闪长岩、灰岩。砾石磨圆度好，排列规则。雨花石则为数量极少的特殊砾石，一般在几万颗，甚至几十万颗普通砾石中，才能发现一颗玛瑙质或其他宝玉石质的雨花石砾石。精品雨花石则在几百万、几千万颗雨花石中才有一颗，因此是非常珍贵的。

按照组成雨花石的矿物、岩石种类，可将雨花石分成以下几类：

① 玛瑙、玉髓类雨花石。指原岩为玛瑙、玉髓组成的雨花石。这类雨花石在水中晶莹剔透，故又称为"水石"。其特征是洁净透明，纹理奇特，色彩多样，意境深远。表面天然形成的花纹，往往可构成山水、人物、鱼虫等稀世珍品（图3-1，图3-2）。

图3-1　雨花石——田园风光　　　　图3-2　雨花石——霞光满天

② 蛋白石类雨花石。往往呈蛋白单色，也有因含原生铁、锰杂质所构成花纹或图案而成为珍品（图3-3）。

③ 碧玉岩类雨花石。常呈不透明的单色，如棕红、墨绿等，个别有因次生杂质或微细脉贯入，构成不同类型的花纹而成珍品（图3-4）。

④ 燧石类雨花石。一般常呈褐、黄、黑单色，也有黑白、黑黄、黄白相间的条带构成美丽的花纹而成为珍品（图3-5）。

图3-3　蛋白石类雨花石——月光

图3-4　碧玉岩类雨花石——红梅花开

⑤ 石英岩类雨花石。多为半透明的单色白或单色黄，有隐现的粒状结构，有时有少量云母、绿泥石等杂质，构成的花纹图案可成珍品（图3-6）。

图3-5　燧石类雨花石——行者

图3-6　石英岩类雨花石——玉兔

⑥ 脉石英、水晶类雨花石。常为单色白或无色透明，能形成珍品的多为原生杂质、包裹体、结晶缺陷等构成鱼虫类、花卉类等自然图案花纹（图3-7）。

⑦ 构造岩类雨花石。破碎角砾岩，构造混杂岩或有褶曲的硅化构造岩形成的雨花石，个别可以构成如瑞雪、海涛等自然现象的花纹图案（图3-8）。

图3-7　脉石英类雨花石——雾中山色

图3-8　构造岩类雨花石——山野秋色

⑧ 砾岩类雨花石。砾岩中的砾石，可构成密集型蟒皮、鱼鳞状的自然花纹图案。

⑨ 化石类雨花石。其中保留有一定观赏价值的动植物化石，或各类珊瑚化石组成的化石类珍品。

⑩ 模树石雨花石。砂岩、灰岩砾石表面因铁锰质沉淀而形成各种图案的雨花石。

⑪ 其他岩类雨花石。其他岩石（含火成岩、变质岩）和矿物（含宝玉石类矿物）形成具有观赏价值的雨花石。

2. 雨花石的成因

科学地解释雨花石的成因，可以从雨花台组地层中的砾石形成和原岩（如玉髓、玛瑙、蛋白石、化石等）的形成，来说明雨花石的形成过程。

雨花石均为砾石，产于雨花台组地层中，多数雨花石的磨圆度较好，可以判定这些砾石是经过长距离搬运和磨蚀后形成的，砾石层具有明显的层理或斜层理构造。因此，可以推定是河流的搬运和沉积作用形成的。其形成年代，可以追溯到距今大约1200万年到300万年之间。那时，雨花台和长江北岸水系十分发育，雨花石正是那时古长江及其支流古秦淮河等带来的沉积物。

根据雨花石分类来看，组成雨花石的矿物、岩石种类很多，其中所占比例最高的是二氧化硅质的玛瑙、玉髓、碧玉和蛋白石。从这几种矿物的成因来看，玉髓主要产于火山喷出岩的空洞以及热液脉、温泉沉积中，玛瑙主要产于基性喷出岩的气孔和洞穴中，为低温热液胶体矿物。而碧玉则为火山岩硅质胶体，蛋白石则为火山岩区火山活动期后的温泉沉积物。这些形成雨花石的矿物成因，均与火山活动有关。从雨花台组地层中的砾石成分分析，主要是来自于长江中下游周边地区侏罗系、白垩系和第三系地层中的岩石。仅少量灰岩等来自中生代、古生代地层。此外，还有一些岩浆岩、变质岩。经研究，长江流域火山活动从晚侏罗纪开始到白垩纪为中性-酸性火山岩喷发期。第三纪早期则又出现基性火山岩喷发期。据此推测，南京地区出现较多玛瑙质、玉髓质、碧玉质、蛋白石质雨花石是和长江中下游流域，特别是南京周围地区的火山活动密切相关。

其他类型的雨花石原岩成因类型更多，岩浆成因、沉积成因、生物沉积成因、变质成因、构造成因到风化淋滤作用成因均有。

综上所述，虽然雨花石原岩的成因各异，但与火山作用密切相关，后经河流的侵蚀作用变成砾石、卵石，经搬运、沉积在南京地区新近系雨花台组地层而成。

3. 雨花石的评价

通常从雨花石的大小、颜色、花纹、形态、层次、亮度、质地、硬度等多方面加以衡量。优质的雨花石一般应满足以下条件。

① 颜色。雨花石的颜色丰富多彩，常呈红色、黄色和白色，少见绿色和蓝色。一块雨花石上颜色多、色泽艳、色彩对比度大，颜色稀有，对比鲜明，则价值更高。

② 透明度。透明度高的雨花石，可增加美感，使雨花石的颜色灵活而更具动感。另外，透明度高的雨花石，可增加所包含图案的层次感。

③ 石质。组成雨花石的矿物颗粒越细，雨花石表面的光泽也就越好，细腻润滑，晶莹剔透。此外，优质的雨花石表面无破损、裂纹和疤坑。

④ 形状。近似圆形、椭圆形、桃形或随形，大小适中，一般以 4~10cm 者为佳。

⑤ 图案。雨花石中的风景、人物、鸟、虫、花、树、文字等图案或花纹清晰，使观者产生美好的联想，寓意深邃者为佳。此外，图案的逼真程度也十分重要，图案的逼真程度越高，其价值也就越高。

二、三峡石

三峡石是指长江三峡地区的一种纹理石观赏石。现已成为产于长江三峡地域内各种观赏石的总称。

古往今来，无数文人墨客对三峡石格外垂青，吟唱不绝。唐代刘禹锡《竹枝词九首》中有："城西门前滟滪堆，年年波浪不能摧。懊恨人心不如石，少时东去复西来"的诗句,夸耀的即是胜似人心之坚定的三峡石;白居易《初入峡有感》中吟诵:"大石如刀剑,小石如牙齿"描述了三峡石的奇特形态;北宋欧阳修《寄梅圣俞》则借:"唯有山川为胜绝,寄人堪作画图夸"赞美三峡石的精美秀丽;南宋陆游在《入蜀记》中记述:"过达洞滩……滩际多奇石,无色粲然可爱,亦或有文成物象及府书者……"道出了三峡石可出现人物、动物、山水、文字的图案,适宜放在水盆里观赏。三峡石,在先贤们的眼中,是集天地之灵气,吸日月之精华而成的不朽之物,历久弥新的立体画卷,也是人间的精灵。

三峡石主要分布在峡江两岸的崇山峻岭、溪流河谷中,源自长江上游冲积到此和该区古老的前震旦系变质岩、沉积岩和前寒武纪侵入花岗岩。主要产于湖北省的宜昌、宜都、枝江等地。

1. 三峡石的基本特征

三峡石种类繁多,形象奇特,大小不一,小者似鸽蛋,大者如瓮。从岩石表面色彩、图案、颗粒粗细等方面,显示各自的特征。有的一石一色,有的则一石多色,纹理清晰,图案多样。

三峡石千姿百态,具有以下特征:

① 花纹奇特。三峡石的花纹有的单调、有的复杂,有的单色、有的多色,可有形成神态各异的人物,层峦叠翠的山水风景,栩栩如生的飞禽走兽,也有各种形状的文字(图3-9,图3-10)。

图3-9 三峡石——百舸争流

图3-10 三峡石——梳妆

② 色彩奇特。三峡石是多种矿物的聚合体，色彩异常丰富。特别是玛瑙石，红、橙、黄、绿、蓝、靛、紫七色皆有。可谓"一石在握，四壁生辉"，被誉为"不朽的诗，不蚀的画，不败的景，不谢的花"（图 3-11，图 3-12）。

图3-11　三峡石（一）　　　图3-12　三峡石（二）

③ 裂纹奇特。三峡石在千万年的摩擦、碰撞、解体、胶合中形成许多裂纹，那些杂乱无章的裂纹中，通常隐藏着奇妙的图案形象。既有人物、动物，也有风光、景物。

④ 造型奇特。三峡石中蕴含着各种微型的人物、动物造型，其中既有圆雕式的，也有浮雕式的造型。

2. 三峡石的评价

三峡石可以从以下六个方面进行评价。

① 质地。观察组成三峡石的原岩的颗粒大小，莫氏硬度、密度，以及表面的光滑程度。质地越好，其价值也就越高。

② 颜色。观察三峡石表面的颜色分布特征。三峡石的颜色类型多样，几乎涵盖了所有的色彩，且不同颜色的色带互相穿插，色彩的纯度越高，其价值也就越高。在同一块石面上色彩越多，且各种色彩之间反差越大，其价值越高。

③ 形态。观察三峡石的造型和完整性，造型完整、奇特的三峡石即为上品。

④ 图案。观察三峡石表面的图案特征。三峡石的图案千姿百态，图案构

图清晰，指向明确，一看就懂，即为上品。

⑤ 意境。观察三峡石图案所表现的主题思想。如果三峡石的主题明确，且立意深远，其价值就高。

⑥ 纹理。观察三峡石表面的纹理分布特征，如纹理分布自然流畅、布局合理、疏密有致，则为上品。

三、汉江石

汉江石主要指产于汉江河床、沿岸及其支流的纹理石观赏石。汉江是长江最大的支流，发源于陕西省宁强县，流经陕西、湖北两省，至武汉汇入长江，全长1532km。汉江上游多为高山峻岭，峡谷深涧，中下游则迂回开阔，出现许多河道、滩地，大量的汉江石就埋藏在这些地方。

汉江石主要由砂岩、泥岩、灰岩及几种成分复合的岩石组成，与汉江两岸的奥陶系、志留系、泥盆系、二叠系地层有直接的成因联系。在漫长的地壳演化过程中，直到距今约2亿年前，秦巴地区才由海底抬升成为陆地，逐渐演化成现在的构造与地貌格局。亿万年来，岩石经过地壳运动、风化剥蚀、河流的侵蚀与搬运等地质作用，使其成为砾石状态，沉积在河床，或河床的边滩、河漫滩上，成为图案各式各异、浑然天成、多姿多彩的汉江石。

汉江石可以进一步划分为以下种类：

① 汉江红。汉江红是一种含铁的硅质岩，莫氏硬度为6，质地坚硬、温润，色彩鲜艳（图3-13）。其中以全红为最佳，泼墨红者稍逊，斑点红者再次之。

② 釉光青。釉光青是一种火成岩，组成岩石的主要矿物成分为石英，莫氏硬度为7。由于这种石头润湿后表面如油一样光亮照人，而得名（图3-14）。由于岩石中所含杂质不同，釉光青具有不同的色彩。常见的颜色有：墨黑、麻黄、金星、银星、花皮等，其中花皮色造型佳的汉江石最为难得。

③ 彩韵石。彩韵石的岩性为沉积岩，莫氏硬度为5，质地细腻，色彩单

一、柔和, 线条简约、统一(图3-15)者为佳。

④剥皮石。剥皮石的岩性既有沉积岩也有变质岩。是汉江石中颇具特色的石种, 质地坚硬, 具象石有天作之美, 抽象石则意境隽永(图3-16)。

图3-13 汉江红

图3-14 釉光青

图3-15 彩韵石

图3-16 剥皮石

⑤墨玉石。墨玉石的岩性为硅质岩, 岩石中含碳质较多, 以色黑如漆, 质坚如玉而得名(图3-17)。其石质坚硬, 质地细密, 色泽纯正, 莫氏硬度为7, 石面细腻。

⑥彩石。彩石的岩性属沉积岩, 其主要矿物成分为石英。汉江彩石色彩丰富, 可以构成令人赏心悦目的抽象图案, 如风光、人物、动物等(图3-18)。

图3-17 墨玉石

图3-18 彩石

四、黄河石

所谓黄河石,就是产于黄河河道中的各类有观赏价值的石头。在黄河的不同段,黄河石的品质各异,包含了沉积岩、岩浆岩和变质岩等不同质地的岩石。

1. 黄河石的类别

黄河石以产于黄河兰州段和洛阳段的最为有名。

兰州黄河石主要产于黄河上游刘家峡水库至靖远的河道,尤以兰州河段(河口至桑园子)所产为多,古人称之为"兰州石",黄河石大者如鼓,小者如拳,质地坚硬,细腻硬朗,外形浑圆,有石英质、玛瑙质等,莫氏硬度5~6,包括:纹理石、景观石、象形石、彩色石、抽象石,碧玉石类,尤以纹理石(图案石)为主要代表。黄河石的石纹形成丰富的天然画面,有山水、花鸟、人物、文字、动物等(图3-19,图3-20)。色调古朴深沉,意境雄浑;多为间色或复色,有一种历经沧桑的苍茫雄浑之气。兰州黄河石中另有水纹石、雪花石(冰花石)、稻壳石(金谷石)、金钱石等品种。

洛阳黄河石,产于黄河三门峡至孟津河段,石体大小不一,大者直径超过1m,小者直径几厘米。图案对比鲜明、色彩艳丽,多为黄褐至褐红色,表面常呈现人物、花鸟鱼虫、飞禽走兽、日月星辰等图案。石质光滑细腻,它的

图3-19 锦绣江山

图3-20 吉祥鸟

岩石种类不一,有硅质岩、玛瑙、砂岩、石灰岩、变质岩等十多种,莫氏硬度为4~7,其中最具代表性的洛阳黄河石,又称太阳石(月亮石、日月石),有明显的沉积层理构造,石英碎屑经重结晶次生长大,继而沿裂隙发生新矿物充填和流体活动发生交代和围绕质点发生扩散溶解。日月形的晕圈,即流体围绕某些质点为核心向四周扩散的结果(图3-21)。

图3-21 旭日东升

2. 黄河石的鉴赏

黄河石有豪放粗犷、纹理清晰、图案雅致、包罗七彩之色、品种繁多、全无棱角等特点。可简称"雄、美、丰、全、圆",这是对黄河石整体面貌的概括。但是,从观赏的角度来看,对于任意一方具体的黄河石,可以从形态、图案、色彩、意境、质地等几个方面加以鉴赏。

① 形态。黄河石经过亿万年河水的冲刷与磨蚀,表面光滑,形态多呈圆形、椭圆形、方形,以及不规则的随形。如果石形完整,不缺不破,无裂纹,则观赏价值高。

② 图案。黄河石的图案千变万化,形式多样,如风光、人物、动物、植物等,或生动具体,或抽象概括。其图案应清晰,并在石面上占据主要位置。

③ 色彩。黄河石的色彩多样,有的一石一色,有的一石多色,且色彩大

多古朴、凝重、素雅，颜色鲜艳的黄河石则相对较少。但优质的黄河石色彩要明快、洁净，两种以上颜色的对比度要大，层次要分明。

④意境。从美学的角度而言，形神兼备的黄河石最具有艺术生命力和感染力。一方好的黄河石在寓意和情趣方面必占其一。图案生动，表现的内容是雅俗共赏，且意境深远。

⑤质地。黄河石的石质种类繁多，石头的石质越好，收藏价值也就越高。通常，石质越细腻，形象或图案越清晰，石质越莹润，构图的意境越高雅，黄河石价值越高。石质越坚硬，越不容易磨损，表面质感越光亮。

五、三江石

三江石特指产在怒江、澜沧江、金沙江边滩，造型奇特，纹理和色泽美丽，质地细腻的崇形、崇意类观赏石。它由河流的侵蚀、搬运和沉积作用所形成，多呈圆形、椭圆形、扁圆形及不规则圆形。

三江石其物质组成，涵盖了三江并流带，所有的岩石组合单元。其岩石组分包括：变质岩中的片岩、板岩、大理岩和部分片麻岩；岩浆岩中的酸性岩和基性岩，其中以深成岩为主，浅成岩次之；沉积岩以灰岩为主，砂岩、页岩次之。由于变质岩中的纹理清晰多变，结构构造复杂，以其为原岩形成的三江石的观赏性最好。

三江石色彩丰富，其色彩可以分为单色和复色，含有多种色彩的三江石以多色纹理、象形石为主，在岩性较复杂和矿化带地区，常见黑、红、绿、黄、白等色，有两种、三种色彩交织成各种象形花纹（图3-22～图3-24）。此外，由于岩性硬度差异和组成结构不同，形成的表面凹凸不平，有孔、洞、沟、槽、脊等构成象形图案的观赏石。

从三江石分布上看，在怒江、澜沧江、金沙江主水系的河滩上，中、小型观赏石

图3-22 怒江彩石

图3-23 澜沧江石——层峦叠嶂　　　　图3-24 金沙江石——月光

品种多，且品质高，藏量丰富，观赏石以单色、复色砾石及形态各异的象形石为主。通常在河流的下游及其支流品种多，品质好，藏量相对稀少；而在上游品种少，品质低，藏量则相对较多，近矿区河流的观赏石受矿种、围岩蚀变的影响较大。

六、九龙璧石

九龙璧石是中国传统名贵观赏石之一，具有十分悠久的历史。九龙璧石产于福建省漳州市境内九龙江流域北溪中游的华安县。其原岩为古生代二叠纪后期的火山岩经变质作用而成的钙硅质角岩，主要矿物成分为长石、石英、透闪石、透辉石等。

九龙璧石色彩丰富，是在流水长期的侵蚀作用下形成的。色彩包括：淡黄色、紫红色、翠绿色、墨绿色及黑色等，其中以墨绿色最具观赏性（图3-25）。九龙璧石花纹奇特、致密细腻、光彩莹润，部分石面还带有天然的石皮，具有较高的艺术价值和收藏价值。

七、红水河石

红水河具有水流湍急、弯道多的自然地理环境特点。正是这样的自然造化，成就了这条绝美的流金之河，以及无数精美绝伦的奇石，更是成就了赏石圈的佳话。充沛的水流量，天然的地势落差，是红水河孕育奇石得天独厚的条件。

图3-25　九龙璧石

红水河流域岩石类型多，岩浆活动频繁，岩石的蚀变强烈，硅化程度高，有利于形成各种类型的纹理石。加上红水河水流量大，落差大，对石体的冲刷能力强，使石体有良好的水洗度和形成润泽的石肤，有利于岩石破碎后形成形态各异的石形。

红水河流经高原、低山和丘陵，沿途有群峰峡谷围绕，河床更是深邃秀丽，在流域面积内产出的观赏石多达几十种，其中最受广大赏石爱好者和收藏家青睐的石种包括：天峨的天峨石；大化的大化石（彩玉石）、梨皮石；合山彩陶石；来宾的卷纹石、大湾石等，均产自红水河的不同河段河床中。

1. 天峨石

天峨石是一种纹理石，有平纹石和凸纹石之分。平纹石纹理多为浅褐色、黄褐色、褐棕色，基底为浅黄灰色、灰白色。凸纹石的纹理颜色较深，常为深褐色、褐黑色、棕黑色等，基石为黄灰色、浅灰蓝色、灰白色。

天峨石常形成一些文字、人物或其他各类景观。由于是凸纹，加之纹理色深，色彩反差大，观之有浮雕的画面感。凸纹纤细、曲直、长短千变万化，从不同角度观赏，其纹理构成不同的图像，有的物象形似，有的则抽象，有的则含蓄，极富神韵（图3-26）。

天峨石的原岩为沉积岩中的砂岩，且已部分硅化，其纹理的成因是：平纹是原岩经过风化，其中一些微细层中含有铁、锰元素，风化后形成不同色纹。凸纹的纹理，则是原岩沉积时沿裂隙扩散及沉积的不均匀性所致。

图3-26　天峨石——山野暮色

2. 大化石

大化石（又名彩玉石），因常呈现层状，又被称为红河凸纹石，主要产于大化县红水河岩滩及河床底部。岩性属火成岩，由于地壳的抬升，而逐渐出露于地表河谷之中，大都已经硅化，岩石质地坚硬。

岩石在长期的水流冲刷、剥蚀、搬运、沉积等自然作用的影响下，形成各种千姿百态的形状。由于岩性成分复杂，软硬相间，在风化作用过程中，造就了表面凹凸不平，具有浮雕效果的凸纹石。石皮光滑，具彩釉感，石色呈棕黄、褐黄、青绿、乳白、象牙黄和黑色等（图3-27）。

3. 梨皮石

梨皮石表面有粗点状、细点状斑点或坑洞，因外表酷似梨皮而得名（图3-28）。构成梨皮石的岩石主要为玄武岩和橄榄岩。颜色呈黑色、褐色、墨绿色和深的黄绿色等，梨皮石形状线条圆润、婉约、简洁。

图3-27　大化石

图3-28　梨皮石

4. 彩陶石

彩陶石产于广西合山红水河十五滩、鹅滩。构成彩陶石的主要岩石类型为硅质粉砂岩和硅质凝灰岩,质地坚硬。颜色呈翠绿色、黄绿色、黄色、红色和褐黑色等,石面似有一层彩色釉面(图3-29)。

5. 卷纹石

卷纹石产于广西红水河来宾县河段,属于成岩水冲石,色多为铁黑色,原生态的皱纹似褐黄色线条,苍劲有力,成不规则状。卷纹石,美在纹样,奇在纹样,贵在纹样。其有平纹、凹纹、凸纹、叠纹等(图3-30)。

卷纹石的纹理按其表现可以分成平面图纹和立体的肌理。平面图纹的效果主要是由岩石的颜色差异表现出来。而卷纹石的立体肌理几乎完全不依赖色彩差异,通过上下的凹凸结构来呈现纹理,低于石面的为阴纹,浮出石面的为阳纹。"肌理"是观赏石的美丽皮肤,特别能表现出自然美。

图3-29　彩陶石

图3-30　卷纹石

6. 大湾石

大湾石产于广西来宾大湾乡的红水河中,而得名(图3-31)。大湾石是湍急的红水河携带不同石质的原石,在亿万年不停地水流冲刷和搬运中,沉积于大湾河段内的。大湾石石质细腻光滑,色彩丰富,有橙红色、棕黄色、浅绿色、灰白色和黑色等。其中，棕黄色是最具代表性的色彩。石皮均有釉面，似凝脂。大湾石一般分为色质石、景观石、图案石和抽象石。图案纹理有立体和平面之分，立体纹理有凹凸感，似浮雕，平面纹理可构成草花状图案。

图3-31 大湾石

八、乌江石

乌江石因产于贵州省的乌江而得名。乌江发源于贵州乌蒙山，横贯贵州中部及东北部，是长江的支流之一，于重庆涪陵注入长江。乌江是贵州的主要河流，流域遍及黔西、黔东北地区。乌江石主产河段为贵州省思南县至沿河县120余千米的乌江河段，特别集中在德江县上下游的河滩。

乌江石一般以纹理石为主，其纹理变化多端，呈现人物、动物、花鸟、风光等，色彩以黑色、白色多见，红、黄、绿等色相对较少，质地坚硬细腻、爽滑圆润（图3-32，图3-33）。

图3-32 乌江石——龙腾虎跃　　图3-33 乌江石——秋叶

九、锦纹石(景纹石)

　　锦纹石,亦称景纹石,主要产于皖东南和赣北山区的河滩中。底色一般灰白或略带浅黄,其上红棕色的纹理,形成了千姿百态、清晰明快的线条,构成了具有国画、素描画和版画特色的图案(图3-34,图3-35)。形成于4亿年前的"志留纪",它的花纹是由饱和或不饱和氧化铁溶液在岩石的裂纹和空隙中长期浸染、沉淀形成的。该石于20世纪80年代,被安徽宣城奇石爱好者发现,并开始赏玩,当时称之为"花石头"。1994年夏天,我国著名的文艺理论家、美学家、艺术鉴赏家王朝闻先生曾亲临产地考察,将其定名为"锦(景)纹石",并撰文高度赞誉,称其"具备阴阳、虚实、有无、多样统一,有一种别的奇石难以企及的审美特征,实为稀奇之物","正反两面都是画,给人以奇妙的想象",使锦纹石身价倍增。

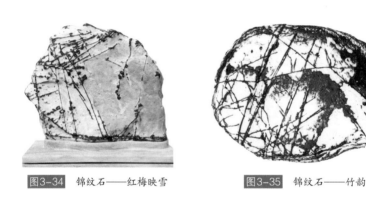

图3-34　锦纹石——红梅映雪　　　　图3-35　锦纹石——竹韵

第二节

其他地质作用形成的纹理石观赏石

一、变质作用形成的纹理石观赏石

　　变质作用是指地下深处固态岩石在高温、高压和化学活动性流体作用下，引起岩石的结构、构造或化学成分发生变化，形成新的岩石的一种地质作用。

由变质作用形成的纹理石类观赏石主要有：菊花石、花纹状大理岩、混合岩和祁连彩玉等。

1. 菊花石

菊花石是由一些较粗大的呈放射状排列的针状、细长柱状、纤维状、片状矿物集合体组成，形似菊花状的纹理石观赏石。这些矿物包括：红柱石、天青石、方解石、阳起石、符山石、硅灰石、锂蓝闪石等（图3-36，图3-37）。

图3-36　菊花石（一）　　　　图3-37　菊花石（二）

菊花石浑然天成，颜色黑白分明，白色构成千姿百态的花瓣，犹如盛开的菊花，令人赏心悦目。关于菊花石的用途、形成机理及名称的由来，我国现代地质事业的奠基者，著名地质学家章鸿钊先生，在其名著《石雅》一书中有一段客观而科学的论述："菊花石之出湖南浏阳者，其名藉甚，恒制为屏砚及供几席装点之玩。佳者一石之间缀花数十、疏密相间、殊可人意。考之，乃为灰质粘板石。其结为花形者，悉方解石为之也。盖当方解石结合时，其质由散而聚，即聚即凝，向中愈密，以其余液迸流四射，辄复坚结，玉洁冰莹，宛若花瓣，或大或小，而常为菊花之形，此菊花石所由名也。"

菊花石类观赏石的一般要求：花瓣美丽，边界清晰；花瓣直径越大越好；分布具有层次感；花瓣与基底颜色反差越大越好；基底要求无纹、无裂、质地细腻。

① 湖南浏阳菊花石。湖南浏阳是我国最早发现的菊花石产地。据《浏阳县志》记载，清乾隆年间，在浏阳的永和镇发现了菊花石，并取石雕砚，一时传为奇物。清末民初时期，浏阳民间艺人所制作的菊花石工艺品《梅菊屏》和《梅兰竹菊横屏》，参加巴拿马万国博览会获得金奖，使浏阳菊花石声名远扬。

浏阳菊花石的"菊花"，由白色或天蓝色、呈放射状的天青石和作为花蕊的燧石组成。天青石大部分已被方解石交代，而方解石又保持天青石的外形。

② 宣恩菊花石。湖北宣恩菊花石外形呈块状，由灰黑色基体和白色菊花组成，有时可见白色方解石细脉穿插和体态较大的古生物化石点缀。基体由生物碎屑和泥晶组成。"菊花"呈放射状，矿物成分为方解石和玉髓，有的含菱锶矿和天青石。

③ 京西菊花石。北京西山菊花石由侵入岩与石炭系泥质岩发生接触变质作用而形成。其"菊花"则由放射状或放射束状的红柱石组成。而组成菊花石的基体，则是经接触变质形成的角岩，"菊花"的花瓣则由放射状红柱石构成。具有天然艺术美，不经加工即可作为观赏石。

2. 花纹状大理岩

大理岩是由碳酸盐岩（石灰岩、白云岩）经接触热变质作用形成的岩石。主要矿物成分为方解石和白云石。成分单一的大理岩几乎不含任何杂质，洁白如玉，俗称为汉白玉。当大理岩中含有杂质时，可以形成不同颜色的条带，构成不同的花纹和图案。花纹清晰、图案优美的大理岩，可作为观赏石（图3-38）。从观赏的角度而言，主要观赏大理岩的花纹和图案的形态和意境。

图3-38　大理石观赏石——绿水青山

3. 混合岩

混合岩通常由两部分组成，一部分是区域变质岩，称为基体；另一部分是侵入岩的熔体或热液中的沉淀物质，称为脉体。基体一般是变质程度较高的各种片岩、片麻岩，通常颜色较深；脉体则是由混合岩化过程中新生成的流体相结晶部分，其成分矿物成分主要是石英、长石，通常颜色较浅。

浅色的脉体，可呈眼球状、条带状、肠状或其他各种形状，分布于深色的基体中，可以形成各种不同的花纹图案和文字（图3-39）。

图3-39　混合岩——天路

4. 祁连彩玉

祁连彩玉是产于祁连山周边的河道中，经过亿万年水的冲刷、磨蚀和搬运、沉积，而形成的天然原石，是一种色彩丰富的纹理石（图3-40）。其主要岩性为：千枚岩、板岩、硅质灰岩、结晶泥质灰岩、片麻岩等，常有石英、方解石脉穿插其中，石质细腻，光泽强，具有较高的硬度。祁连彩玉具有以下特点：

① 形美。祁连彩玉的形状变化多端，有圆形、椭圆形、方形、条形、

图3-40 祁连彩玉

三角形、圆柱形、多边形等。形态完整，浑然天成。

②质美。祁连彩玉结构致密、质地细腻、透明度高、光泽强、杂质少，莫氏硬度一般为4~7。

③色美。祁连彩玉色彩丰富。包括：绿色、蓝色、黑色、白色、黄色、紫色、红色、粉红色等。色彩变化多端，有的一石一色，有的则一石多色，色与色之间有着色相、明度和彩度的差异，过渡色之间有明暗、浓淡的变化，且层次感强，给人以古色古香、自然、和谐、典雅之感，表现出天然的色彩之美。

④纹美。祁连彩玉的纹理分布均匀、线条流畅、韵律舒展。这些纹理构成的人物、动物、花草树木、山水风光，形态完整。

二、其他地质作用形成的纹理石观赏石

1. 天景石

天景石，又称为尼山石。因清代原产于曲阜尼山而得名。20世纪80年代末又于山东费县城南天井汪村再度发现，取天井的谐音，名为天景。主要产于曲阜、平邑、费县一带石灰岩夹层中，属于沉积岩中的泥灰岩，略有变质，微粒结构，质地细腻。岩石的底色一般为柔和的绢黄色、灰蓝色和青灰色，纹理常呈墨黑色、赭红色。纹理颜色的成因主要分为两类：其一，是由锰的氧化物渗入沉积而成黑色；其二是由铁的氧化物沉积形成赭红色或黄褐色。

天景石纹理呈现的图案千姿百态，可以是人物花卉、飞禽走兽、日月山川、亭台楼阁等奇观，有似祥云绕山、溪水淙淙；有似松柏竹叶，苍翠欲滴；有似仙女散花，舞台流韵；有似日出东方，霞光四射；有似繁花似锦，古色古香，清晰逼真，浑然天成，妙趣横生（图3-41）。

图3-41　天景石

2. 荷花石

荷花石产于洛阳市嵩县。其原岩为喷出岩，岩石中含有大量的各种形状的气孔，这些气孔被后期的含有多种矿物成分的成矿热液所充填。由于充填的矿物成分不同而颜色各异，若被含铁的二氧化硅充填时，则为红色；为绿帘石充填，则为黄绿色；为绿泥石充填，则呈深绿色；为方解石或石英充填时，则为白色或无色透明。由于不同颜色的矿物充填已有的气孔，从而形成各种不同的图案，有的似荷花，故称荷花石。当然也可形成其他的花卉图案，如梅花、海棠、桃花、牡丹……，也可以是人物、动物等（图3-42，图3-43）。荷花石质地坚硬，石面细腻。

图3-42　荷花石

图3-43　荷花石——村姑

3. 模树石

模树石,又名假化石、醉酒石、松林石,树枝石,因石面图案形状类似于层叠的松柏树枝而得名。模树石色泽多变,质地坚硬,图案以花卉、树枝、草叶或树叶为主体,画面古朴,意境深远,典雅清逸,生动逼真,固有假化石之称。模树石从画面来看,成林的如同苍松挺拔,单株的如同天河仙草,淡雅恬静。

模树石形成的年代久远,其原岩多为沉积岩,如石灰岩、白云岩或砂岩等,树枝状的纹理常见于岩石层面或节理面上,且常沿节理面转折。自然界中饱和的氧化铁、氧化锰等溶液,在一定温度和压力条件下,沿着板岩的裂隙、节理及层理等空隙处侵蚀、渗透,然后经过长期的沉淀固结之后,就会在板岩的表面,形成类似于树枝状的纹理。由于渗入溶液的成分不同、数量的多寡有别,模树石表面形成的图案姿态万千,色彩丰富多样,观赏性很强。既有泼墨写意之韵,又有工笔写实之妙;造型美妙绝伦,色彩浓淡有致,体现了大自然造物的神奇(图 3-44,图 3-45)。

图 3-44　模树石(一)

图 3-45　模树石(二)

第三节

特殊类型的纹理石——文字石

文字石是指天然形成的具有文字显示的观赏石。既可以是汉字，也可以是汉语拼音、英文字母、简单的英文单词，还可以是阿拉伯数字等。

一、文字石的分类与成因

1. 文字石的分类

形差、色差、虚实对比等是形成文字石的直接原因，也是其分类的主要依据。

① 形差成字。根据文字的形态，可将其分为凸纹字、凹纹字、平纹字和立体浮雕字（图3-46，图3-47）。

图3-46　凸纹字——石

图3-47　凹纹字——八一

② 色差成字。字体的颜色与岩石背景色差异明显，而形成的文字石（图3-48）。

③ 虚实对比文字石。这部分主要是由岩石的溶蚀作用差异形成的文字石。如太湖石中的文字石，石中的透漏和残留部分，恰当组合对比而成的象

图3-48 色差成字——回

形文字石。

2. 文字石的成因

文字石的成因，主要包括以下几个方面：

① 组成岩石的矿物成分差异。组成岩石的矿物成分不同、颜色就不一样，便有可能在岩石上形成文字。原生沉积形成的条带、成岩或变质作用形成的花纹或混合岩化作用形成的条带，可形成文字石。

② 岩石的差异风化作用。岩石的组成和性质的差异造成的差异风化，可使难风化、硬度高的部分凸起，而使易溶解和风化的部分凹陷，也是形成文字石的一种地质作用。易溶部分变成透、漏的部分，而不易溶部分与之组合产生虚实对比类的文字石，蚀余部分独立存在，构成立体浮雕型文字石。

③ 地质构造与后期热液的充填。地质构造形成的节理和裂隙，为后期热液充填提供了空间条件，热液充填的成分、颜色与围岩的差异，可以形成一些简单的文字石。

④ 地球化学作用。在岩石中同一种元素的不同价态，可使岩石呈现出不同的颜色，不同的地球化学环境，决定了岩石中元素的价态，可以形成不同颜色组成的文字石。

二、文字石的分级与鉴赏

1. 文字石的分级

依据文字石的科学价值和观赏价值，结合字形、字体、字意、布局、石质、石色、底座和组合八个方面因素，可将文字石分为上品、中品、下品三个等级（表3-1）。

表 3-1 文字石质量分级表

影响因素	上品	中品	下品
字形	字形准确无杂笔	字形显示有杂笔	字形似像非像，显示的杂笔喧宾夺主
字体	有字有体	有字而体不显，或字、体都一般	有字，无体，字形幼稚
字意	深远吉祥	有意	无意或意浅
布局	居中，有天有地	稍偏或有地无天	边角分布
石质	坚硬光滑	硬度尚可，但表面不甚光滑	稍软或粗糙
石色	颜色鲜艳，反差明显	颜色一般，反差较小	灰暗，反差不明显
底座	补缺，衬托效果好	有衬托效果	欠合理，鉴赏效果受影响
组合	文画组合，成语组合	小品组合，成语组合	单字鉴赏，有字不能组合

综上所述，上品的文字石，从科学的角度而言，应具有探讨成因或标形方面的意义和价值，字体似楷、隶、篆或古今书法名家，必类似于其中一体。中品的文字石，科学或观赏上仅一方面价值较高或均为一般，文字造型虽无体，但见者皆识。下品的文字石，科学意义一般，文字无体，或丢笔画，或多点，但从总体形态上仍然可分辨出某字。

2. 文字石的鉴赏

① 独立鉴赏。造型美，无杂笔，字体规范，字意深远吉祥的单个文字石，才具有独立鉴赏的价值。规范遒劲的文字，令人赞叹大自然的独具匠心，并能使观者尽享中国传统书法之美（图 3-49）。

② 组合鉴赏。用多个文字石组合在一起，以成语或佳句的形式鉴赏。这也是文字石特有的魅力，扩大了文字石鉴赏的意境范畴，提高了鉴赏的审美效果（图 3-50~图 3-52）。

图 3-49 文字石——福

图3-50　文字石组合——中国石文化

图3-51　文字石组合——中国梦

图3-52　文字石组合——山高人为峰

③文字石小品鉴赏。用多个文字石组合成小品故事，虽然单体文字石形体算不上精美，但组合后可增加观赏者的审美情趣。

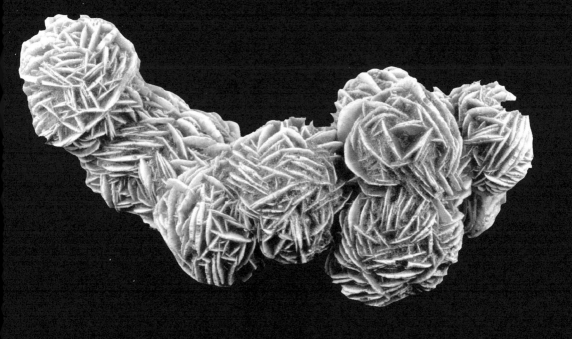

矿物晶体是自然界的瑰宝，天生丽质、晶莹剔透、五彩缤纷，加之它所具有的鲜艳的颜色和美丽的形态，而被称为自然界永不凋谢的"花朵"。矿物晶体色彩斑斓、千姿百态、自然天成、纯洁无瑕，既具有很高的科学研究价值，又具有很高的艺术鉴赏价值和收藏价值。矿物晶体是诗、是画、是美的源泉。

矿物晶体观赏石，美丽、独特、稀有，具有自然形成的特点。其形态独特、色彩丰富、质地优良、化学性质稳定。有些矿物晶体，还具有特殊的发光现象。矿物晶体的色彩，包括：红、橙、黄、绿、蓝、靛、紫等各种不同的颜色，以及洁白如雪的白色。其自然形态多种多样，有的如层峦叠嶂，有的如雪峰红莲，有的如长矛利剑等。矿物晶体的这些特点，是其他类别的观赏石所不具备的，是大自然的杰作。西方有一句的谚语："石头是上帝随手捏造出来的，矿物晶体则是上帝用尺子丈量并精心设计出来的。"

矿物晶体的形态有单晶、双晶及多种矿物共生体等。晶体的大小依品种不同而异，有些大的单晶可重达数吨，有些小的却需在放大镜、显微镜下才能看到。

外形上，矿物晶体具有其他观赏石所没有的"精心设计"的几何形体。所有的晶体都有棱、有角、平整光滑，像被人精心切磨、雕琢过的一样，具有普通石头所没有的对称美、结构美、韵律美和协调美。有的晶体表面曲直拐折，形成的几何图形或貌似名画，或内藏玄机，令人产生无限遐想。

色彩上，矿物晶体可谓色彩斑斓，美不胜收。有色泽红艳的辰砂、金黄色的黄铁矿、又黑又亮的锡石、翠绿色的孔雀石等诸多种类。

光泽上，矿物晶体由不同的化学元素组成，所以在硬度、密度和光泽上都各不相同。有坚硬无比的金刚石，有软如裘皮的石棉；有铮铮发亮的黄铜矿，有晶莹剔透的萤石；有细腻温润的方解石，有冰清玉洁的水晶。颜色和质地上的特点，决定了矿物晶体奇妙的光学效果，五颜六色的光彩在各个晶面上变换，在各个点线面间闪烁跳跃，此起彼伏，璀璨无比。

矿物晶体具有"天然的色泽纹理和自然的原始结构风貌"，被人们称为"天然的艺术品"，如硕大的紫晶晶洞等。另外，矿物晶体具有唯一性，即每一个完整的晶体都代表一个特别的矿物个体，个体与个体之间均不相同。也就是说，任何矿物晶体在世界上都是独一无二的，这种唯一性也是最为收藏家们所看重的特征，是其他许多收藏品所不能企及的。因此，矿物晶体作为观赏石，具有无可比拟的独特魅力。

第一节

矿物晶体观赏石的鉴赏与品质评价因素

矿物晶体是在地球演化过程中，由各种不同的地质作用形成的，具有相对固定的化学成分，确定的内部结构，集科学性、艺术性、观赏性和商品性于一体。精美的矿物晶体，一直受到结晶学家、矿物学家、宝石学家、收藏家的重视和喜爱，并吸引有关的科学机构、教育机构和世界各大自然博物馆收藏。

精美的矿物晶体，就其奇特、稀有、美丽的特性而言，应将其归属为宝石类。就其艺术性和观赏性而言，又可将其归属于观赏石类。但矿物晶体与通常所说的宝石，又存在着明显的不同，它以矿物晶体产出时的自然状态为主要特征，通常不需经任何的人为加工。矿物晶体也不同于通常意义上的观赏石，只研究其艺术特征，而并不探究其本身的岩石学特征和成因。而对于矿物晶体观赏石的鉴赏与评价，则需要科学性与艺术性的结合，需要一定的结晶学和矿物学的知识。

一、矿物晶体观赏石的鉴赏要点

矿物晶体观赏石，具有很高的观赏价值，其鉴赏要点主要包括以下几个方面。

1. 天然性

矿物晶体产自自然界，是大自然的造化，不需任何人工的切割与打磨，这也是矿物晶体观赏石区别于其他类型观赏石的最基本、最重要的特征之一。它不像宝石饰品和玉雕制品需要人工切割、打磨或琢磨。因此，天生丽质、多姿多彩的矿物晶体，以其特有的自然美，而受到许多科学机构、博物馆和收藏家的推崇，许多精美的矿物晶体，以其独特的自然美而收藏在世界许多著名的博物馆中。如1967年，发现于哥伦比亚高加拉祖母绿矿的高加拉祖母绿（Gachala Emerald）晶体，重858ct，现收藏在美国华盛顿史密森国家自然历史博物馆（图4-1）；该博物馆还收藏了1964年发现于南非金伯利地区杜托依斯潘（Dutoitspan）钻石矿的奥本海默（Oppenheimer）钻石，呈金黄色，具完整的八面体晶形，重253.70ct（图4-2）。这样的例子，不胜枚举。

图4-1 高加拉祖母绿晶体

图4-2 奥本海默钻石

2. 稀有性

矿物晶体的稀有性程度，是矿物晶体鉴赏的重要因素之一。矿物晶体观赏石的稀有性，主要表现在以下几个方面。

① 稀有的矿物种或变种。考虑矿物晶体稀有性程度，应从世界范围的角度加以考察，不能局限于某一个国家和地区。

② 矿物晶体个体的稀有程度，也即个体的体积大小。如辰砂并非是稀有罕见的矿物，但 1980 年产于我国贵州东部万山汞矿区，现收藏在中国地质博物馆的重达 237g 的辰砂晶体，被誉为"辰砂王"，以其特有的个体大小，而傲视"群雄"。

③ 结晶学意义上的稀有晶体。如罕见的晶类、晶形，以及罕见的双晶或其他规则连生等。

3. 奇特性

奇特是矿物晶体观赏石最能吸引人的特征之一，不同的矿物晶体以其特有的结晶学特性而生长，矿物的晶体形态，可以分为单体形态和集合体形态两大类。就单体形态而言，有一向延伸的针状、丝状、柱状晶体等；二向延伸的板状、片状晶体等；三向延伸的粒状晶体等。集合体形态中最受关注的形状，则是晶簇状、钟乳状、葡萄状、放射状和树枝状等类型。

4. 艺术性

矿物晶体的自然美是其艺术价值的源泉。它以其特有的晶体形态、共生组合特征，如诗、如画，千姿百态，意境深远。如颜色和形态多样的萤石（图 4-3）、蓝色和绿色交相辉映的青孔雀石（图 4-4）、立方体状的黄铁矿（图 4-5）、剑状的辉锑矿（图 4-6）、包裹着各种不同成分和形态包裹体的发晶、矛头状的辰砂、蝴蝶状双晶的方解石、燕尾状双晶的石膏、膝状双晶的锡石、冰清玉洁的水晶、鸳鸯矿物雄黄和雌黄等，均给我们提供了无限的想象空间和深远的意境，令人回味无穷。

图4-3　绿色的萤石

图4-4　蓝色和绿色交相辉映的青孔雀石

图4-5　立方体状的黄铁矿

图4-6　剑状的辉锑矿晶簇

5. 科学性

任何矿物晶体观赏石，都具有特定的化学成分、晶体结构、晶体形态、物理性质、共生组合及成因产状，这也是矿物晶体观赏石，区分于传统意义上的观赏石的主要特征。它严格遵守结晶学与矿物学规律，包含了丰富的结晶学与矿物学知识，具有很强的科学性。不论产自世界何处的同种矿物晶体，都具有相同的物理、化学性质，稀有、精美的矿物晶体，还具有重要的科学研究价值。因此，科学性也是吸引许多矿物晶体观赏石收藏者的主要因素之一。

二、矿物晶体观赏石的品质评价因素

矿物是由地质作用形成的，具有相对固定的化学成分，大多数矿物是固态的无机物，具有确定的内部结构，内部质点在三维空间呈周期性重复排列

（即晶体）。收藏矿物晶体融科学性、人文性于一体，集奇特、稀有、美丽于一身。

矿物晶体观赏石的评价因素包括：颜色、光泽、晶体形态（整体造型、集合体形态、单晶形态、双晶、晶面平整度、晶面花纹、蚀像）、晶体完整性和天然性、大小、矿物组合、化学成分、假象、包裹体、透明度、发光性、产地、稀有性、加工水平、基岩底座和晶体表面变化等。

1. 颜色

颜色是影响矿物晶体观赏价值的最重要因素之一。其中以颜色鲜艳，色彩丰富、柔和、稀有者为上品。其中颜色鲜艳尤为重要，颜色愈鲜艳愈好。色彩丰富，最好是一块矿物晶体标本上，出现不同颜色的矿物晶体，甚至是一个晶体上呈现出多种不同的颜色。有的颜色虽不很艳丽，但却十分柔和，令人赏心悦目，也是难得的上佳之品。有的矿物晶体颜色少见，如方解石晶体最常见到的颜色是

图4-7　粉红色方解石

白色，而粉红色的方解石较少见。因此，粉红色的方解石较常见的白色方解石价值要高，充分说明了物以稀为贵的原则（图4-7）。

被广泛用于观赏、陈列、收藏的矿物晶体，大多具有鲜艳的色彩，如红色、紫色、蓝色、绿色、黄色、橙色等。

① 红色。呈红色的矿物主要包括：辰砂、雄黄、赤铁矿、菱锰矿、蔷薇辉石、红色萤石等（图4-8，图4-9）。

② 蓝色。呈蓝色的矿物主要包括：蓝铜矿、异极矿、蓝色萤石、重晶石、海蓝宝石、菱锌矿、蓝色电气石等（图4-10，图4-11）。

③ 绿色。呈绿色的矿物主要包括：孔雀石、绿色萤石、菱锌矿、绿帘石、磷绿铅矿、透辉石、绿色电气石、天河石、绿柱石等（图2-12，图2-13）。

图4-8 红色辰砂晶体

图4-9 红色菱锰矿晶体

图4-10 蓝色萤石

图4-11 蓝铜矿

图4-12 孔雀石

图4-13 绿帘石与方解石(白色)

④ 黄色。呈黄色的矿物主要包括：自然金、黄铜矿、黄铁矿等（图4-14，图4-15）。

图4-14 黄铜矿

图4-15 黄铁矿

⑤橙色。呈橙色的矿物主要包括：白钨矿、雌黄、方解石等（图4-16）。

图4-16 白钨矿

⑥紫色。呈紫色的矿物主要包括：紫晶、紫色萤石、方柱石等（图4-17）。

图4-17 紫晶晶簇

2. 光泽

具有金属光泽、半金属光泽、金刚光泽的矿物晶体，其观赏价值高于油脂光泽、玻璃光泽的晶体。但需要特别注意的是，一些金属硫化物矿物，如辉锑矿、雄黄、黄铁矿等，如果存放不当，易氧化而失去原有的光泽。有的矿物因生长环境的差异，光泽强弱不一，对其观赏价值有较大的影响。如光泽好、晶体大且完整的石榴石、黄玉、锡石其观赏价值很高，而经地表短距离搬运、磨损了原有晶面，且失去原有光泽的同类矿物晶体观赏石，其价值降低明显。

如钒铅矿的矿物晶体虽小，但表面呈现出金刚光泽，每一颗晶体似金刚石闪闪发亮，熠熠生辉，极大地提高了晶体的观赏价值（图4-18）。

3. 晶体形态

矿物晶体受其内部特定晶体结构和形成环境的控制，在自然界可形成各种各样的晶体形态。从观赏的角度而言，矿物的晶体形态是矿物晶体的重要观赏内容，是评价矿物晶体观赏石的重要因素之一。评价矿物晶体形态主要包括以下方面：

① 整体造型。分布在矿物晶体观赏石上的矿物晶体，整体造型美观，不同种类的矿物晶体分布错落有致（图4-19），如呈放射状排列、平行状或花朵状分布（图4-20）等，更令人赏心悦目，引人遐想，从而达到自然美、意境美的有机结合。

图4-18　钒铅矿晶体与重晶石（白色）

图4-19　造型美观的矿物晶体烟晶与橙色锰铝榴石、长石共生，且排列错落有致，整体造型美观

图4-20　花朵状排列的石膏晶体

② 单晶形态。从收藏者的角度而言，要求矿物晶体的单晶形态完整，晶形完好。规则的晶形和一些天然形成的具缺陷的晶形，具有较高的收藏价值。如发育 {0001} 面的水晶、六方锥形的绿柱石、板状的海蓝宝石等。一些十分罕见的矿物晶体形态，也十分受到收藏者的青睐。如我国湖北产的毛发状的赤铜矿，湖南桂阳产的针状方解石等。

③ 集合体形态。集合体形态有：晶簇状、柱状、片状、板状、针状、放射状、纤维状、束状、球状、块状、钟乳状、肾状、结核状、鲕状、豆状、树枝状、条带状、粉末状、被膜状等。其中观赏价值最高的是晶簇状集合体，其次是柱状、板状、片状、针状、放射状、束状、树枝状和鲕状集合体等。在晶簇状集合体中，晶体生长的位置，晶体生长的多少，是决定晶簇状集合体价值的重要依据。其中直立于基岩长出的晶体，比平卧者更具观赏价值。

④ 双晶。矿物晶体的双晶现象易于观察，且发育完整者，其观赏价值高。如石英的日本双晶较道芬双晶易于观察，两者相比，石英的日本双晶观赏价值高于道芬双晶。此外，红柱石的十字双晶、辰砂的矛头状双晶、锡石的膝状双晶、石膏的燕尾双晶等，都是外观易于观察的双晶。

⑤ 晶面平整度。晶面平整光滑，闪闪发光，可以增加矿物晶体的观赏性和价值；反之，如果晶面粗糙，暗淡无光，则会影响其观赏价值。

⑥ 晶面花纹。有的矿物晶体的晶面花纹非常美丽，可以增加其观赏性和价值，如金刚石的晶面花纹。此外，晶面花纹的存在，可以作为矿物重要的鉴定特征，从科学的角度有助于研究矿物晶体的成因。

⑦ 蚀像。矿物晶体晶面上的蚀像，记录了晶体形成时的成矿物理化学条件的变化，可以作为鉴别矿物晶体的重要标志，在研究矿物晶体的成因方面，具有重要的科学意义。因此，晶体晶面上的蚀像，可以增加矿物晶体的观赏价值。

4. 晶体的完整性和天然性

矿物晶体的完整性和天然性，也是评价矿物晶体观赏石的重要因素之一。矿物晶体的完整性，包括两个方面的含义：一是晶体在自然界生长的完整程度；二是采掘、搬运、加工、销售过程中保持完好的程度。

人们所喜欢和收藏的矿物晶体，主要是由若干完整晶面组成的多面体，而不是块状矿石或岩石中仅仅发育一、两个晶面的晶体。因此，市场上出现的矿物晶体绝大多数产于晶洞（即作为溶液沉淀形成完整晶体的场所的岩石裂隙）中（图4-21）。

图4-21　晶形完整的海蓝宝石晶簇和云母

天然晶面上的蚀像、晶面花纹，往往是判别晶体完整性的重要内容。因此，地表风化、搬运或人为因素致使晶面磨损、破裂的晶体，其价值将暴跌，甚至不能当作观赏石出售。需要特别指出的是，一件矿物晶体观赏石的完整性，还包括晶体所生长的岩石基底，这点非常重要。还需特别注意的是矿物晶体观赏石的天然性，决不允许拼贴、黏合，有裂纹者其价值降低。

5. 大小

毫无疑问，矿物晶体的大小，是评价矿物晶体观赏石的重要因素之一。一般情况下，晶体越粗大，其经济价值就越高，尤其是稀有矿物更是如此。一些常见的矿物晶体，也可以因为较大的晶形而变得昂贵。

6. 矿物组合

由色泽、形态各异的多种矿物组成的矿物晶体，会产生相互烘托的效果，呈现出绚丽多姿的外貌，提高了矿物晶体的观赏性和价值（图4-22）。在市场上，由多种矿物组合的晶体，通常比单一矿物组成的晶体易于出售，这不仅因为其绚丽多姿的外貌，而且矿物组合有助于鉴定矿物，并可以显示矿物的形成作用及形成环境，更具有科学意义。多种矿物共存，从成因角度可分为共生和伴生两种，共生是指同一成因、同一时期形成的；伴生则指不同成因或不同时期形成的矿物叠生在一起。

图4-22 辰砂与水晶、方解石组合标本

水晶、方解石、萤石、黄铁矿等矿物在世界上产地较多，市场上很常见而价格相对较低，而这些矿物与其他较稀少的矿物晶体组合在一起，则可以大大地提升矿物晶体的价值。

7. 化学成分

一般来说，化学成分不是评价矿物观赏价值的决定因素，大多数收藏者并不注重矿物的化学成分。色泽艳丽、形态完美的矿物晶体，虽然成分差别很大，但是普遍受到收藏者的喜爱。化学成分对矿物观赏价值的影响，主要表现在以下几个方面：

① 部分收藏者注重矿物的成分，进行分门别类的收藏。如收藏各种不同的自然元素矿物、收藏类质同象形成的不同矿物、收藏同质多象矿物等。当然，了解矿物晶体的化学成分，从收藏的角度来说是大有裨益的。

② 具有放射性的矿物晶体，不能作为观赏石，也无人收藏。

8. 假象

一种矿物形成后，由于物理化学条件的变化，已经形成的矿物在成分、结构上，被另一种矿物所交代，并保留原来矿物的晶体形态，矿物学中称之为假象。许多矿物晶体收藏者，特别喜欢收藏具有假象的矿物。假象是指一种矿物已变为另一种矿物，但仍保持原来矿物的形态。如孔雀石呈现蓝铜矿假象、赤铁矿呈现磁铁矿假象（图 4-23）、磷氯铅矿呈现方铅矿假象等。

9. 包裹体

指矿物在生长过程或形成后，捕获并包裹在内部的气、液或固相物质。就透明、半透明矿物而言，包裹体的有无及其特征，对矿物晶体的观赏价值有一定的影响。颜色艳丽、硬度较高的宝石矿物中的包裹体，通常是降低质量的因素，而一些常见的透明观赏矿物晶体，却由于其中含有包裹体，而提高了其经济和观赏价值，如水胆水晶、各种发晶（图 4-24）等。含包裹体矿物的价格，取决于包裹体的稀有性及其大小。

图4-23　赤铁矿具磁铁矿八面体假象

图4-24　含针状金红石包裹体的茶晶

10. 发光性

有些矿物在外来能量的激发下，能发出可见光，从而显示出与肉眼观察时不同的颜色。能激发矿物发光的因素很多，比如加热、加压、摩擦以及受紫外光、X射线等的照射。常用于检查和欣赏矿物发光性的方法，是使用紫外荧光灯，紫外线的波长一般为短波紫外线（SWUV）波长250nm和长波紫外线（LWUV）波长360nm。在紫外线的照射下，有些矿物所发的可见光，随激发因素的停止而迅速消失，有的则在停止激发后仍能保持一定的时间，前者称为荧光，后者称为磷光。能发荧光或磷光的矿物晶体，具有更高的观赏价值。许多矿物晶体收藏者，备有手持式紫外荧光灯，在紫外线照射下，观察诱人的矿物晶体发光现象。需要特别注意的是同种矿物晶体的发光颜色和强弱会有所不同，这主要取决于发光元素的含量和种类。

具有发光性而又完美的晶体，在矿物晶体观赏石市场上，往往供不应求。一些细小的发光矿物晶体组成的致密块状岩石、矿石，也有一定的市场前景。有的还磨成球形，如萤石夜明珠，就充分地利用了萤石加热或受辐射发磷光的性质。

11. 产地

经营矿物晶体观赏石，通常需附有产地资料，包括出产地区或矿山的名称及其所在的国家、省（州）、县，有的甚至要了解产于矿床中的具体位置。这也充分说明了产地在矿物晶体观赏石市场交易中的重要性，产地不明的标本，挑剔的收藏者是不会喜欢的。有的经营者为了达到垄断的目的，故意隐瞒具体的产地。一般来说，矿物晶体品质和价格是收藏者最关注的问题，产地并不起决定性作用。但是，某一特定矿区或地区，往往产有颜色、形态、组合等不同于其他地区的晶体，而具有特殊的吸引力，尤其是首次出现在市场上的某国家或产地的矿物晶体标本。

12. 稀有性

决定矿物晶体价格的另一重要因素，是该种矿物晶体的稀有程度，物以稀为贵是市场经济条件下永恒的法则。考虑矿物晶体观赏石的稀有程度，要从世界范围内来考察，如紫晶及完整粗大的黄铜矿、闪锌矿晶体在国内较少见，而国外较多，市场价格相对低廉。而国内出产的辰砂、雄黄矿物晶体，质量好且数量相对较多，而国外产的较少。

除了矿物晶体的类别外，稀有性还包括稀有的颜色、大小、特殊的晶体形态和特别的矿物组合等。

重要的矿物晶体观赏石

一、自然元素类矿物晶体观赏石

1. 自然金（Gold）

① 化学成分。主要成分为金（Au），常含其他元素。如含 Ag>15% 称银金矿，含 Cu>20% 称铜金矿，含 Pd5%~11% 称为钯金矿，含 Bi>4% 称为铋金矿。

② 形态。等轴晶系。完好晶体少见。主要单形为八面体，其次为立方体，菱形十二面体等。集合体多呈大小不一的不规则粒状，还可见到树枝状、团块状、薄片状、网状、纤维状、海绵状等。河床、山麓等地表环境产出的砂金，多呈砂粒状、砾状，粗大者称"狗头金"。

③ 颜色。金黄色，银金矿为淡黄色。

④ 其他物理性质。条痕为金黄色。金属光泽。无解理，莫氏硬度2~3，相对密度 15.6~19.3，随杂质含量增加而降低，具延展性，可压成箔而不产生断裂。具有好的传热导电性。

⑤ 观赏价值。呈八面体、立方体等单晶或呈树枝状又与石英共生或生长在浅色基岩上的晶体，尤其珍贵。

⑥ 鉴别特征。金黄色，具强金属光泽和良好的延展性，相对密度大，化学性质稳定。

⑦ 成因及产状。原生金矿称为山金或脉金，次生搬运沉积而成的金矿称为砂金。原生金矿通常以热液成因，呈不规则粒状产于石英脉中。在高 - 中

温硫化物含金石英脉中，常与黄铁矿、毒砂等矿物共生。在低温热液脉中，常与黄铁矿、方铅矿、闪锌矿等矿物共生。

⑧ 自然金矿物晶体观赏石主要产地。自然金作为一种矿物，在世界许多地方都有产出。但作为颗粒较大，可以用作观赏的矿物晶体，则是较少见的。中国的自然金观赏石，主要产于有"金都"之美名的山东招远。此外，四川等地也有自然金产出（图 4-25）。

2. 自然银（Silver）

① 化学成分。主要成分为银（Ag），常含微量 Au、Hg、Ar、Sb。

② 形态。等轴晶系。晶体较少见。以不完整的立方体、八面体为主，晶体往往强烈变形，向一个方向延伸，并发生扭转或挠曲。常呈树枝状、发丝状、薄片状及不规则粒状集合体出现（图 4-26）。

图4-25　自然金（四川甘孜）　　图4-26　发丝状自然银

③ 颜色。新鲜面呈银白色，略带淡红色调，表面易成黑灰锈色。

④ 其他物理性质：条痕呈白色。金属光泽。具延展性。断口锯齿状，无解理。不透明。莫氏硬度 2.5~3.0，相对密度 10~11，随含金量增高而增大，随其他杂质含量增加而降低。电、热的最好导体。

⑤ 观赏价值。银是重要的贵金属之一，晶体罕见而珍贵，立方体或八面体单晶或造型好的集合体及其他矿物共生的自然银价格更高。

⑥ 鉴别特征。银白色，锯齿状断口，相对密度大，具良好的延展性。

⑦ 成因及产状。热液成因的自然银主要见于一些中低温热液矿床，多呈显微粒状分布于铅锌热液矿床的硫化物中。优质的自然银晶体，主要见于硫化物矿床的氧化带中。

⑧ 自然银矿物晶体观赏石主要产地。我国的自然银矿物晶体产地，主要产于安徽庐江县黄屯银铅锌矿床；山西大同灵丘县宏达铅锌锰矿产有与辉银矿共生的自然银。

3. 自然铜（Copper）

① 化学成分。主要成分为铜（Cu），常含少量或微量的 Fe、Ag、Au 等。

② 形态。等轴晶系。完好晶形少见，偶见立方体、四六面体。常呈不规则树枝状集合体（图 4-27）。

图4-27　自然铜

③ 颜色。铜红色，表面氧化而有一层黑色薄膜。

④ 其他物理性质。条痕铜红色，金属光泽，不透明，无解理。莫氏硬度

2.5~3，相对密度 8.4~8.9。锯齿状断口，具延展性和良好的导热、导电性。

⑤ 观赏价值。自然铜晶体极罕见，造型美观的树枝状集合体，具有很高的观赏价值。

⑥ 鉴别特征。铜红色，表面常有黑色氧化膜。相对密度大，具延展性。常与孔雀石（绿色）和蓝铜矿（蓝色）等矿物伴生。

⑦ 成因及产状。自然界中产出较少。主要产于铜矿床氧化带下部，由其他含铜矿物分解而成，多呈不规则树枝状产于岩石裂隙中。

⑧ 自然铜矿物晶体观赏石主要产地。我国的自然铜矿物晶体产地，主要是湖北黄石大冶铜绿山铜矿和江西九江城门山铜矿。

二、硫化物类矿物晶体观赏石

1. 辰砂（Cinnabar）

① 化学成分。化学成分为硫化汞，化学式为：HgS，是提炼汞的主要原料。

② 形态。三方晶系，单晶体呈单板状或菱面体形，常呈矛头状穿插双晶（图 4-28），集合体多呈粒状、致密块状或皮壳状。

图4-28 辰砂的矛头状双晶

③ 颜色。鲜红色，表面有时呈铅灰锖色。

④ 其他物理性质。条痕呈红色，半透明至不透明。金刚光泽。性脆。莫氏硬度 2~2.5，相对密度 8.1。

⑤ 观赏价值。具有鲜艳的红色，大于 5mm 的晶体作观赏和收藏，晶体越粗大越珍贵。

⑥ 鉴别特征。鲜艳的红色和条痕，以及相对较高的相对密度，是其与其他矿物相区别的主要鉴别特征。

⑦ 成因及产状。辰砂是分布最为广泛的含汞矿物。仅产于低温热液矿床，为低温热液的标型矿物。与辰砂共生的矿物有辉锑矿、黄铁矿、白铁矿、方解石、石英等。

⑧ 辰砂矿物晶体观赏石的主要产地。我国是世界上辰砂矿物晶体观赏石的主要产地，主要产于湘西黔东地区，以贵州的铜仁、湖南的凤凰、新晃和麻阳出产的辰砂矿物晶体为佳。辰砂颜色呈现典型的深红色，单晶体形态主要为菱面体，常见有矛头状穿插双晶。辰砂晶体与白云石和水晶共生的组合标本，其造型千姿百态，成为国内外竞相收藏的珍品。由于辰砂晶体产量小，采集难度较大，直径 25mm 以上的晶体，通常是博物馆收藏的珍品。值得引以为豪的是世界上直径 25mm 以上的辰砂晶体，只产于我国的湘西黔东地区。目前为止，世界上最大的辰砂晶体，1980 年 6 月产于贵州铜仁的万山汞矿的岩屋坪，获得了"辰砂王"的美名（现存于中国地质博物馆），其晶体长径 65.4mm×35mm×37mm，重 237g。其质地纯正无瑕，颜色鲜红明亮，瑰丽奇特，菱面体晶形如鱼鳍，晶体发育完整。"辰砂王"还被印制在 1982 年 8 月 25 日邮电部发行的矿物晶体特种邮票（T73）上。

2. 辉锑矿（Stibnite）

① 化学成分。化学成分为三硫化二锑，化学式为：Sb_2S_3，是冶炼锑的主要矿石矿物。

② 形态。斜方晶系，单晶体常呈柱状，柱面具有明显的纵纹，具锥面形晶头。较大晶体常弯曲，或呈"S"形。集合体以放射状、晶簇状或致密粒状为主（图 4-29）。

图4-29 辉锑矿晶簇

③ 颜色。铅灰色，晶面常带暗蓝锖色。

④ 其他物理性质。条痕黑色。金属光泽，性脆，易震碎或磨损，解理平行 {010} 完全。莫氏硬度 2，相对密度 4.6。

⑤ 观赏价值。耀眼的强金属光泽，明显的晶面纵纹及千姿百态的造型，令人喜爱。晶头不完整，晶棱被磨损呈锯齿状的晶体较常见，其价值暴跌；在地表受风化，晶面常呈暗蓝锖色，光泽亦暗淡，降低其观赏价值。长条的单晶形如宝剑，晶头如削，亮光闪闪，惹人喜爱。

⑥ 鉴别特征。特征的颜色、较低的硬度、完整的晶体形态、柱面上常见有纵纹、一组完全解理，可作为辉锑矿的鉴别标志。

⑦ 成因及产状。辉锑矿是自然界分布最广的锑矿物，主要产于低温热液型矿床。常呈充填或交代脉状，与辰砂、重晶石、方解石等共生，有时也与雄黄、雌黄共生。

⑧ 辉锑矿矿物晶体观赏石的主要产地。中国是世界上辉锑矿晶体标本的重要产地之一，其中以湖南娄底冷水江市锡矿山产出的辉锑矿最为著名，而锡矿山也有"世界锑都"之美名。晶洞中产出大量完好的辉锑矿单晶体，其形如锋利的宝剑，单晶体长一般为 5~30cm，最长者可达 50cm。此外，还产有造型优美的晶簇状晶体。1982 年 8 月 25 日邮电部发行的中国 4 种著名矿物晶体的特种邮票，邮票上的辉锑矿就出产自该矿。此外，江西九江武宁

县、河南南阳卢氏县也产有辉锑矿晶体。

3. 雄黄（Realgar）

① 化学成分。化学成分为硫化砷，化学式为：AsS。

② 形态。单斜晶系。单晶体呈短柱状，楔形晶头，横切面呈菱形（图4-30）。常呈致密粒状或土状产出。

图4-30　雄黄晶体

③ 颜色。鲜红 - 橙红色。长久暴露于阳光下，易变成橘红色、红黄色的粉末。

④ 其他物理性质。极脆。条痕橙黄色。晶面上呈金刚光泽，断面呈油脂光泽，解理平行于 {010} 完全。莫氏硬度 1.5~2，相对密度 3.56。

⑤ 观赏价值。具有极其艳丽的颜色和光泽，粗大晶体十分稀少，价格昂贵，与透明的方解石，橙黄色的雌黄共生，更显得绚丽多姿。雄黄在开采、搬运、加工、经销过程中很容易破损。在光线照射下逐渐变成橙红色的粉末，这一特性对其销路影响很大。

⑥ 鉴别特征。鲜艳的颜色，较低的硬度，晶面上较强的光泽，以及与矿物雌黄共生可作为雄黄的鉴别标志。

⑦ 成因及产状。主要产于低温热液矿床，为低温热液的标型矿物。常与雌黄、辰砂、黄铁矿、石英和方解石等矿物共生。产于温泉沉积物和硫质火山喷气孔内沉积物的雄黄，常与雌黄共生。

⑧ 雄黄矿物晶体观赏石的主要产地。我国是雄黄晶体的主要出产国之一，以湖南石门和贵州思南县产出为最。湖南石门界牌峪雄黄矿，被国际矿物学界公认为是世界上最好的雄黄、雌黄晶体产地。所产雄黄晶体、晶簇，颜色鲜艳，造型优美，常与洁白透明的方解石共生，绚丽多姿，被誉为"教科书式的标准矿物"。发现的最大雄黄晶体，长 8cm，宽 5.4cm，高 3.5cm，重 255.3206g，为世界罕见，现收藏于北京大学地质陈列馆。该矿出产比较好的标本是雄黄、雌黄和透明黄色方解石组合体，至今仍是全球博物馆和收藏界的珍品。据史料记载，石门雄黄矿已有 1500 多年的开采历史。

4. 雌黄（Orpiment）

① 化学成分。化学成分为三硫化二砷，化学式为：As_2S_3

② 形态。单斜晶系。单晶体呈短柱状，厚楔状晶头（图 4-31）。集合体呈片状、梳状、土状等。

图4-31　雌黄晶体

③ 颜色。柠檬黄色。

④ 其他物理性质。条痕鲜黄色，金刚光泽，集合体呈油脂光泽，解理面为珍珠光泽，极完全解理，颇似云母，但解理片多呈弯曲状，挠性好，莫氏硬度1.5~2，相对密度3.49。

⑤ 观赏价值。具有艳丽的光泽，粗大晶体罕见而名贵。与雄黄、方解石共生的晶体更受人喜爱。

⑥ 鉴别特征。以其特征的颜色、低的硬度、一组极完全解理、较强的光泽，作为雌黄的鉴别标志。

⑦ 成因及产状。低温热液型矿床的标型矿物，常与雄黄、辰砂、方解石、辉锑矿、白铁矿等共生。

⑧ 雌黄矿物晶体观赏石的主要产地。雌黄常与雄黄共生，而被誉为"鸳鸯矿物"，湖南石门界牌峪雄黄矿，也是雌黄矿物晶体的重要出产地之一，被认为是世界上最好的雌黄晶体的出产地。出产的雄黄晶体呈典型的橘红色，雌黄则呈黄色和柠檬黄色，雄黄经过氧化能转变为雌黄。1982年8月25日邮电部发行的中国4种著名矿物晶体的特种邮票，邮票上的雌黄就出产自该矿。

5. 黄铜矿（Chaleopyrite）

① 化学成分。化学成分为铜、铁的硫化物，化学式为：$CuFeS_2$。

② 形态。四方晶系。完整晶体较少见。通常以四方四面体及四方双锥等单形出现，偶见四方偏三角面体。晶面常有条纹。多呈单个晶体生长在基岩上，也以晶簇状，平行连生，致密块状，脉状等形态出现。

③ 颜色。铜黄色，表面常带有蓝、紫褐色的斑状锖色。

④ 其他物理性质。绿黑色条痕，金属光泽，不透明，性脆。莫氏硬度3~4，相对密度4.1~4.3。

⑤ 观赏价值。具有黄金般的颜色，粗大晶体较稀少而价值增高，生长于石英等浅色矿物之上的黄铜矿更显得美丽，晶形奇特及以包裹体形式产在其他透明矿物中者较名贵（图4-32）。

⑥ 鉴别特征。特征的颜色、形态、硬度、无解理，可以作为黄铜矿的鉴别标志。

图4-32　黄铜矿与闪锌矿

　　⑦ 成因及产状。黄铜矿是一种常见的含铜矿物，分布广泛，可形成于热液型、接触交代型和岩浆型矿床中。在热液型矿床中，常呈脉状产出，与黄铁矿、方铅矿、闪锌矿、斑铜矿、辉铜矿、方解石和石英等共生。在接触交代型矿床中，常与磁铁矿、黄铁矿、磁黄铁矿、毒砂、方铅矿和闪锌矿等共生。在岩浆型矿床中，常与磁黄铁矿、镍黄铁矿等共生。

　　⑧ 黄铜矿矿物晶体观赏石的主要产地。国内的黄铜矿晶体，主要产于湖南郴州宜章县的瑶岗仙钨矿以及江西赣州、贵州毕节赫章县等地的热液型铜铅锌或钨锡矿床中。

6. 黄铁矿（Pyrite）

　　① 化学成分。化学成分为二硫化铁，化学式为：FeS_2。常有 Co、Ni 置换 Fe，而分别称为钴黄铁矿和镍黄铁矿，并含其他元素。

　　② 形态。等轴晶系。单形以立方体和五角十二面体为主，有时呈八面体。立方体晶面上常见三组相互垂直的条纹。依 {110} 成穿插双晶，即"铁十字"双晶（图4-33）。呈单个晶体或晶簇状出现。集合体还呈粒状、致密块状、浸染状、球状等形态（图4-34）。

图4-33 黄铁矿的穿插双晶

图4-34 球状黄铁矿

③ 颜色。浅铜黄色，表面常有黄褐色锖色。

④ 其他物理性质。条痕绿黑或褐黑色，强金属光泽。不透明。莫氏硬度6~6.5，相对密度4.9~5.2。

⑤ 观赏价值。黄铁矿又称假金（愚人金，false gold），是最具吸引力又容易得到的矿物。以其黄金般的颜色，完好晶形、强金属光泽而成为经久不衰的观赏石品种。晶体大小、形态、矿物组合等方面不同，黄铁矿的观赏价值及其价格差异很大，可以满足不同层次、不同审美观的收藏者及博物馆收藏。

⑥ 鉴别特征。晶体形态、晶面花纹、硬度和颜色，可作为黄铁矿的鉴别标志。

⑦ 成因及产状。黄铁矿是地壳上分布最广的硫化物类矿物，形成于各种地质作用。主要成因类型包括热液型和接触交代型。

⑧ 黄铁矿矿物晶体观赏石的主要产地。黄铁矿是一种十分常见的矿物，在世界许多地方均产有黄铁矿晶体。我国的黄铁矿矿物晶体，主要产于湖南耒阳上堡硫铁矿，该矿产有许多颗粒大、晶形完整的黄铁矿晶体，是我国最优质的黄铁矿晶体的主要产地之一。较多见的是黄铁矿与水晶共生的晶簇状矿物晶体标本，黄铁矿常呈立方体晶形产出。此外，在浙江、湖北、云南等地也有黄铁矿晶体产出。

7. 闪锌矿（Sphalerite）

① 化学成分。化学成分为硫化锌，化学式为：ZnS。

② 形态。等轴晶系。晶体常呈四面体、立方体、菱形十二面体及其组成的聚形。

③ 颜色。变化较大，由无色、浅黄、棕褐至黑色，随铁含量增加而变深，偶呈绿、红、黄等色，因含微量元素所致。

④ 其他物理性质。条痕由白色至褐色。油脂光泽、金刚光泽。透明至半透明，随着含铁量增加，颜色变深，透明度也相应地由透明变为半透明，甚至不透明，光泽亦随之变为半金属光泽。具平行 {110} 的六组完全解理。小心敲击，会裂为菱形十二面体解理块。莫氏硬度 3.5，相对密度 3.9~4.2。不导电。

⑤ 观赏价值。耀眼夺目，完整粗大的晶体常见，但透明、无裂的宝石级闪锌矿罕见，因而闪锌矿是收藏者很感兴趣的矿物晶体，可满足不同层次的收藏者的要求。红、绿等罕见颜色的晶体观赏价值更大。与石英、萤石等浅色矿物共生，基岩颜色浅的标本，更能衬托出黄褐色、红、绿等色的闪锌矿的美丽。

⑥ 鉴别特征。颜色、条痕、发育解理和共生矿物，可作为闪锌矿的鉴别标志。

⑦ 成因及产状。闪锌矿是分布最广的锌矿物，常与方铅矿密切共生，主要产于接触交代矿床和中、低温热液型矿床中。在接触交代型矿床中，闪锌矿主要与方铅矿、磁铁矿、磁黄铁矿、黄铜矿等共生。在中、低温热液矿床中，闪锌矿主要与方铅矿、黄铜矿、黄铁矿、石英、方解石和重晶石等共生。

⑧ 闪锌矿矿物晶体观赏石的主要产地。我国的锌矿资源储量居世界前列，具有一些著名的大型铅锌矿床。但闪锌矿晶体主要产于湖南等一些热液型铅锌矿床中。如湖南临湘的桃林铅锌矿，出产的闪锌矿晶体与石英共生，其中闪锌矿晶体颗粒大，颜色为棕黑色，石英多呈粉红色，是国际矿物晶体收藏界的珍品。衡阳常宁水口山铅锌矿，有"中国铅都"之美名，出产的闪锌矿晶体，多为圆球形或近似球形，方解石多呈奶白色，方铅矿晶体一般较小，部分闪锌矿可达到宝石级（图 4-35）。湖南郴州汝城铅锌矿，出产的闪锌矿晶体，颜色呈棕红色，有时也近乎深红色，光泽强，透明度高，常与优质的无色水晶伴生，部分闪锌矿也达到了宝石级。

图4-35　闪锌矿

8. 斑铜矿（Bornite）

① 化学成分。化学成分为铜、铁的硫化物，化学式为 Cu_5FeS_4，常含有辉铜矿、黄铜矿等显微包裹体，成分变化范围较大。

② 形态。等轴晶系。晶形完好者极少见。常呈致密块状或不规则粒状集合体。

③ 颜色。新鲜面呈暗古铜色，风化面常呈暗紫色或蓝色斑状锈色（图4-36）。

图4-36　斑铜矿表面的锈色

④ 其他物理性质。条痕为黑色，金属光泽，无解理，性脆。莫氏硬度3，相对密度4.9~5.3。

⑤ 观赏价值。斑铜矿风化后表面出现的斑状锈色，是其主要观赏价值所在。各种不同色彩的锈色，呈现不同的分布形式，有"五彩石"之称。如分布的形式具有一定的规律性，或具有一定的象形性，则观赏价值更高。

⑥ 鉴别特征。新鲜面颜色和表面常见的锈色，可作为斑铜矿的鉴别标志。

⑦ 成因及产状。斑铜矿作为很多铜矿床中广泛分布的矿物，主要成因类型为热液型和接触交代型。产于热液型矿床中的斑铜矿，常与黄铜矿、黄铁矿、方铅矿、黝铜矿和辉铜矿共生。斑铜矿在氧化带易分解成赤铜矿、辉铜矿、铜蓝、孔雀石、蓝铜矿和褐铁矿等。

⑧ 斑铜矿矿物晶体观赏石的主要产地。斑铜矿产于铜矿床氧化带中，常与自然铜、孔雀石、蓝铜矿、硅孔雀石、褐铁矿共生。中国云南东川铜矿和江西、甘肃等地铜矿区也有产出。

三、氧化物和氢氧化物类矿物晶体观赏石

1. 石英（Quartz）

图4-37　水晶单晶体

① 化学成分。化学成分为二氧化硅，化学式为：SiO_2。

② 形态。三方晶系，常发育有完好的棱柱状晶体（图4-37）。石英双晶十分普遍，常见的有道芬双晶、巴西双晶和日本双晶3种。石英常呈晶簇状、梳状、粒状集合体（图4-38）。呈肾状、钟乳状的隐晶质石英称为玉髓；呈结核状的玉髓通称为燧石；由多色玉髓组成并具有同心带状结构的称为玛瑙；呈砖红色、黄褐色、绿色的隐晶质致密状石英块体称为碧玉。

图4-38 水晶晶簇

③ 颜色。常呈无色、乳白色、含不同元素或固态混入物时呈多种不同颜色，据颜色可将石英晶体分为：水晶、紫水晶、黄水晶、蔷薇水晶、烟水晶、茶晶和墨晶。

④ 其他物理性质。透明 - 半透明，有时不透明，玻璃光泽。断口贝壳状，呈油脂光泽。莫氏硬度 7，相对密度 2.65，具压电性。

⑤ 观赏价值。水晶的观赏价值，取决于水晶的颜色、造型、大小和包裹体类型。此外，晶体完整性，表面光泽及横纹清晰程度，矿物组合等方面也会影响水晶的观赏价值。

⑥ 鉴别特征。晶体形态、无解理、贝壳状断口和硬度，作为石英的主要鉴别标志。

⑦ 成因及产状。石英是自然界分布范围最广的矿物，也是岩浆岩、沉积岩和变质岩的主要造岩矿物。但是，石英晶体只产于伟晶岩、矽卡岩和热液矿脉的晶洞中。

⑧ 石英矿物晶体观赏石的主要产地。用作观赏石的石英晶体，世界范围内产地众多。我国的石英晶体，主要产于江苏、云南、新疆、内蒙古、山西等地。

2. 赤铁矿（Hematite）

① 化学成分。化学成分为三氧化二铁，化学式为：Fe_2O_3。

② 形态。三方晶系。完整晶体较少见，常以各种集合体形式出现。片状、

表面呈亮金属光泽者称镜铁矿，镜面上常可见有三角形花纹；细小鳞片状者称云母赤铁矿；鲕状、葡萄状、肾状、钟乳状集合体称鲕状赤铁矿、葡萄状赤铁矿、肾状赤铁矿或钟乳状赤铁矿（图4-39，图4-40）。红色粉末状者称铁赭石；带有放射状构造的巨大肾状体称红色玻璃头；弯曲的片状集合体，沿{0001}连生者称铁玫瑰（图4-41）。

图4-39　镜铁矿与水晶

图4-40　肾状赤铁矿

图4-41　赤铁矿玫瑰

③ 颜色。晶体呈钢灰色至铁黑色，隐晶或粉末状者呈红色。

④ 其他物理性质。条痕呈樱桃红色。半金属光泽，晶体的莫氏硬度5.5~6，而隐晶质或粉末状者硬度降低。相对密度5~5.3。性脆，无磁性。

⑤ 观赏价值。不同的集合体形态，是赤铁矿作为矿物晶体观赏石的价值所

在。其中又以铁玫瑰最具观赏价值，由于赤铁矿具有较强的光泽和高的折射率，因此铁玫瑰晶面光芒四射。赤铁矿具磁铁矿假象者，也具有一定的观赏价值。

⑥ 鉴别特征。晶体和条痕的颜色，各种不同的形态特征，大的相对密度和无磁性，可作为赤铁矿的主要鉴别标志。

⑦ 成因及产状。赤铁矿主要形成于热液型、化学沉积型和变质型矿床中。在热液型矿床中，常与磁铁矿、石英、重晶石等矿物共生。在化学沉积型矿床中，常呈鲕状、豆状或肾状等形态产出，并可与石英等矿物共生。沉积型铁矿经变质作用，可形成云母赤铁矿，常与磁铁矿、石英等矿物共生。

⑧ 赤铁矿矿物晶体观赏石的主要产地。中国赤铁矿矿物晶体观赏石，主要产地有：广东省龙川县金龙铁矿、连平县，韶关乐昌市的乐昌铅锌矿；四川西昌；内蒙古赤峰克什克腾旗黄岗铁锡多金属矿；湖北黄石大冶铁矿等。

3. 锡石（Cassiterite）

① 化学成分。化学成分为二氧化锡，化学式为：SnO_2。

② 形态。四方晶系。晶体常呈四方双锥，四方柱。有时见到针状复四方柱和复四方双锥，柱面上有细的纵纹。以 {110} 为双晶面形成的膝状双晶（图 4-42）。集合体常呈不规则粒状，亦呈纤维状、葡萄状和钟乳状，不同形态的晶体可反映其形成的环境条件和成矿热液的性质。

图 4-42 锡石的膝状双晶

③ 颜色。褐色至黑色为主,偶见无色透明晶体。

④ 其他物理性质。条痕无色,偶带褐色,透明至不透明。金刚光泽,断口为油脂光泽,有些晶面光泽暗淡。断口不平至次贝壳状。性脆。莫氏硬度6~7,相对密度6.8~7.0,一般无磁性,部分富铁的锡石具电磁性。

⑤ 观赏价值。具有十分耀眼的金刚光泽,垂直生长在基岩上的粗大晶体和膝状双晶,观赏价值更高。光泽暗淡者及无基座,小于1cm的单个晶体,其观赏价值不大。

⑥ 鉴别特征。晶体形态、双晶、颜色和硬度,可作为锡石的主要鉴别标志。

⑦ 成因及产状。锡石主要形成于高温热液成因的锡石石英脉中,常与石英、黑钨矿、锂云母、绿柱石、黄玉、萤石等矿物共生(图4-43)。原生的锡矿床,经风化、剥蚀、搬运、沉积后,锡石可形成于砂矿之中。

图4-43 锡石与云母、黄玉共生

⑧ 锡石矿物晶体观赏石的主要产地。我国是世界上主要产锡国家之一,产地主要分布在云南、广西、江西和湖南等地。云南个旧有"锡都"之称,所产锡石晶体呈褐黑色,呈四方柱和四方双锥状的聚形,晶体可达10余厘米,

有时还可见有发育完整的膝状双晶晶体。此外，云南省大理州云龙县的云龙锡矿和普照洱市西盟县的阿莫锡矿也产有锡石晶体，晶形发育完整，有的发育有完整的膝状双晶。

四川绵阳平武雪宝顶钨锡铍矿，出产的锡石颜色乌黑，光泽强，双晶发育，最大可达 10 余厘米，一般达 6cm。锡石通常与白云母、绿柱石共生。

湖南郴州宜章的瑶岗仙和江西大余漂塘等石英脉型钨锡矿床中，也产有较完整的锡石晶体，锡石与黑钨矿、白钨矿、毒砂、锂云母、萤石等矿物共生。

4. 黑钨矿（Wolframite）

① 化学成分。一般介于钨锰矿（$MnWO_4$）和钨铁矿（$FeWO_4$）之间，化学式为：（Fe,Mn）WO_4，故又称为钨锰铁矿。

② 形态。单斜晶系，单晶常呈板状或短柱状，各晶面的发育程度及蚀象、条纹的多少常差异较大。集合体呈刀片状、粒状、晶簇状或放射状。

③ 颜色。常为黑色，钨锰矿呈红褐色。

④ 其他物理性质。条痕黄褐色（钨锰矿）至褐黑色（钨铁矿）。多具有半金属光泽，钨锰矿为油脂光泽。性脆。解理平行 {010} 完全。莫氏硬度 4~4.5，相对密度 7.12（钨锰矿）~7.51（钨铁矿）。

⑤ 观赏价值。完整粗大的板状晶体，并与萤石、水晶、白钨矿、毒砂等颜色各异的矿物共生者，具有重要的观赏价值（图 4-44）。单纯的黑钨矿晶体，颜色相对单调，不甚引人注目。收藏者偏爱光泽夺目的晶体，晶面暗淡无光或受氧化而有铁锈的则观赏性较差。被白钨矿交代的黑钨矿假象，具独特的观赏价值。有时见到黑钨矿与白钨矿或与菱锰矿两种不同的含 W 或 Mn 的矿物共生，为难得的精品。

⑥ 鉴别特征。以板状晶形、颜色、条痕色，较大的相对密度，一组完全解理，作为黑钨矿的主要鉴别标志。

⑦ 成因及产状。黑钨矿产于高温热液石英脉及云英岩化花岗岩中，在成因上与花岗岩有着密切的联系。常与锡石、辉钼矿、毒砂、黄玉、萤石、方解石、电气石和绿柱石等矿物共生。

图4-44 黑钨矿与水晶

⑧ 黑钨矿矿物晶体观赏石的主要产地。我国是世界上最主要的产钨国，钨矿的总储量和年产量均占世界第一位。主要产地为湖南郴州宜章县的瑶岗仙钨矿，所产黑钨矿晶体大、光泽强，晶面上有明显的条纹，质量好。1982年8月25日邮电部发行的中国4种著名矿物晶体的特种邮票，邮票上的黑钨矿就出产自该矿。此外，江西大余的漂塘、西华山和广东怀集的多罗山等地也产有黑钨矿晶体。

四、硅酸盐类矿物晶体观赏石

1. 石榴石（Garnet）

① 化学成分。化学成分比较复杂，化学通式为：$A_3B_2[SiO_4]_3$，A 代表 Mg^{2+}、Fe^{2+}、Mn^{2+}、Ca^{2+}，B 代表 Al^{3+}、Fe^{3+}、Cr^{3+}、Ti^{3+}、V^{3+}、Zn^{3+}。根据化学成分的不同，可以将石榴石划分为两个类质同象系列。

铁铝石榴石系列（Mg,Fe,Mn）$_3Al_2[SiO_4]_3$；

镁铝榴石 Pyrope $Mg_3Al_2[SiO_4]_3$

铁铝榴石 Almandite $Fe_3Al_2[SiO_4]_3$

锰铝榴石 Spessartite $Mn_3Al_2[SiO_4]_3$

钙铁石榴石系列 $Ca_3(Al,Fe,Cr)_2[SiO_4]_3$；

钙铝榴石 Grossularite $Ca_3Al_2[SiO_4]_3$

钙铁榴石 Andradite $Ca_3Fe_2[SiO_4]_3$

钙铬榴石 Uvarovite $Ca_3Cr_2[SiO_4]_3$

② 形态。等轴晶系。常见完好晶体，多呈菱形十二面体，四角三八面体及二者的聚形。集合体呈粒状或致密块状。

③ 颜色。受化学成分影响，不同种类的石榴石，可以呈现不同的颜色（图 4-45）。

图4-45　锰铝榴石

④ 其他物理性质。玻璃光泽，断口油脂光泽，透明 - 不透明。性脆。莫氏硬度 5.6~7.5，相对密度 3.5~4.3，随铁、锰含量的增加而增大。均质性，不同种类的石榴石折射率差异较大，有时显非均质性。

⑤ 观赏价值。晶体常呈完好的单形，颜色、透明度差异大，是普遍受欢迎的观赏、收藏品。不透明的单个小晶体，价格相对便宜。宝石级石榴石具有颜色浓艳、透明无裂、颗粒较粗等特点，翠绿色、血红色或无色透明者极其珍贵。带有基岩且晶面光泽强烈的晶体，显得格外美观。

⑥ 鉴别特征。特征的晶体形态、颜色、断口呈现的油脂光泽、相对密度较大和高硬度,可作为石榴石的主要鉴别标志。

⑦ 成因及产状。石榴石在自然界分布广泛,可形成于各种地质作用中。铁铝石榴石系列主要产于岩浆岩、变质岩和伟晶岩中。钙铁石榴石系列主要产于矽卡岩、热液矿脉中。

⑧ 石榴石矿物晶体观赏石的主要产地。我国出产石榴石的产地众多,主要有河北邯郸、福建云霞、内蒙古赤峰、新疆、云南、山西和浙江等地。

2. 绿柱石(Beryl)

① 化学成分。化学成分为铍、铝的硅酸盐,化学式为:$Be_3Al_2[Si_6O_{18}]$。

② 形态。六方晶系。常呈六方柱状晶体,横断面六边形,柱面上常有平行 C 轴的纵纹。

③ 颜色。与所含杂质元素有关,呈浅蓝色者(含 Fe^{2+})称为海蓝宝石(Aquamarine,图4-46);呈浅绿、翠绿者(含 Cr^{3+})称为祖母绿(Emerald,图4-47);呈粉红色者(含 Cs^{2+})称为铯绿柱石(摩根石,Morganite,图4-48);呈黄色或金黄色者,称为金色绿柱石(Helioder,图4-49)。

图4-46　海蓝宝石

图4-47 祖母绿

图4-48 铯绿柱石(摩根石)

图4-49 金色绿柱石

④ 其他物理性质。玻璃光泽，透明至半透明，莫氏硬度7.5~8.0，相对密度2.6~2.9，坚硬但性脆，断口呈贝壳状或参差状。

⑤ 观赏价值。绿柱石因具备一系列优异的特性，而成为重要的宝石矿物。带有基岩的晶体完好者，并与其他的矿物共生的标本作为观赏石，其观赏价值也很高。

⑥ 鉴别特征。晶体形态和硬度，可作为绿柱石的主要鉴别标志。

⑦ 成因及产状。绿柱石主要的成因类型包括伟晶岩型和气成热液型。伟晶岩型主要产于花岗伟晶岩中，常与石英、钾长石、微斜长石、白云母等矿物共生。气成热液型主要产于石英脉矿床中，常与黄玉、萤石、锂云母、锡石、黑钨矿、黄铁矿等矿物共生。

⑧ 绿柱石矿物晶体观赏石的主要产地。我国的绿柱石矿物晶体，主要产于新疆阿勒泰、青河；云南元阳、金平、文山麻栗坡；湖南平江；以及四川平武雪宝顶、广西、江西等地的伟晶岩中。

3. 电气石（Tourmaline）

① 化学成分。化学成分为含水和氟的多种金属的硼酸-硅酸盐，化学式为：$(Na,Ca)(Mg, Fe^{2+}, Fe^{3+}, Li, Al)_3Al_6[Si_6O_{18}](BO_3)_3(OH, F)_4$。电气石的宝石学名称为碧玺。

② 形态。三方晶系。常呈单晶。常见单形有三方柱、六方柱、三方单锥、复三方锥等。两端晶面不对称，柱面上常出现纵纹，横断面呈球面三角形。许多晶体具有平行C轴的管状包裹体，集合体呈棒状、放射状、束状、纤维状、致密块状等。

③ 颜色。呈多种颜色，如无色、粉红色、红色、紫红色、绿色、蓝色、黄色、黑色等。电气石C轴两端有时呈不同颜色，垂直于C轴由中心往外有不同色带。同一晶体的色带有时从底面向顶面"成层"分布（图4-50）。

图4-50　彩色电气石

④ 其他物理性质。透明至不透明，无解理，玻璃光

泽，性脆，断口贝壳状、参差状。莫氏硬度 7.0~7.5，相对密度 3.03~3.25。有压电性和焦电性，在阳光下易吸附细小尘埃。

⑤ 观赏价值。宝石级电气石晶体，近百年来一直是经久不衰的高档陈列品和收藏品。颜色是决定其观赏价值的最重要因素，红色最好，其次蓝、绿、黄绿、浅蓝色，黑碧玺的价格最低。透明度、裂隙发育程度也是重要的影响因素。电气石脆性大、易断裂，加上其共生矿物以云母、高岭石化的长石为主，带基岩的标本很难获得，所以价格也特别高。

⑥ 鉴别特征。柱状晶形、柱面上有纵纹、横断面呈圆三角形、无解理、硬度较大，可作为电气石的主要鉴别标志。

⑦ 成因及产状。电气石主要的成因类型为伟晶岩型，常见于花岗伟晶岩中，与钠长石、绿柱石、锂云母、石英、微斜长石和铌钽矿物等共生。

⑧ 电气石矿物晶体观赏石的主要产地。我国的电气石矿物晶体，主要产于新疆阿勒泰、云南元阳、内蒙古等地的花岗伟晶岩中。

4. 黄玉（Topaz）

① 化学成分。化学成分为含氟的铝的硅酸盐，化学式为：$Al_2(SiO_4)(F,OH)_2$。

② 形态。斜方晶系，晶体常见短柱状，偶见长柱状及斜方双锥，横切面呈菱形，柱面有纵纹，熔蚀现象明显。集合体呈不规则粒状、致密块状。

③ 颜色。无色，浅蓝色为主，有时呈中等色调的蓝色，并有浅黄、酒黄、黄褐等不同程度的黄色（图 4-51），偶呈粉红色或紫红色。不少褐色晶体在阳光下会变为无色或浅蓝色。颜色条带有时可见。X 射线照射或热处理能改变黄玉的颜色，可使颜色变褐色、深蓝色等，但颜色稳定程度不一，某些产地的黄玉用 X 射线照射改色，能保持一周内颜色不变。

④ 其他物理性质。性脆。贝壳状断口，{001} 解理完全，气液包裹体常沿这组解理分布，河床中受搬运、磨蚀的黄玉卵石常见到 {001} 解理。透明-半透明。玻璃光泽。莫氏硬度 8，相对密度 3.5~3.6。

图4-51 黄玉晶体

⑤ 观赏价值。黄玉是中档宝石，除用于琢磨戒面外，大于 2cm 的完整、透明晶体用于收藏。浓黄色者最珍贵；浅蓝色者次之。与其他矿物共生或带基岩的标本非常罕见且珍贵，因为黄玉具有完全的底面解理，易裂开成单个晶体。某些晶面的熔蚀现象十分有趣，其价值有时反而高于平整光滑者。

⑥ 鉴别特征。柱状晶形、柱面上发充有纵纹、{001} 完全解理、高硬度，可作为黄玉的主要鉴别标志。

⑦ 成因及产状。黄玉是典型的气成热液矿物，主要产于花岗伟晶岩，云英岩和热液矿脉中，常与石英、长石、天河石、萤石、电气石等矿物共生。

⑧ 黄玉矿物晶体观赏石的主要产地。我国的黄玉矿物晶体，主要产于内蒙古，云南元阳、文山、高黎贡山，广西贺县等地的花岗伟晶岩中。

5. 绿帘石（Epidote）

① 化学成分。化学成分为含氧和羟基的钙、铝、铁的硅酸盐，化学式为：$Ca_2FeAl_2[Si_2O_7][SiO_4]O(OH)$。

② 形态。单斜晶系。单晶体较常见，常呈短柱状至长柱状，横切面呈菱形或近长方形，柱状晶面上具有明显的纵纹。

③ 颜色。灰、黄、黄绿、绿褐至黑色，随 Fe 含量增加而变深（图 4-52）。

图4-52　绿帘石与水晶（无色）

④ 其他物理性质。条痕无色至褐色，玻璃光泽，透明至半透明。断口贝壳状或平坦状。莫氏硬度6~6.5，相对密度3.3~4.2，随 Fe 含量增加而变大。

⑤ 观赏价值。具有绿色及深蓝绿等浓艳颜色，透明无裂者为佳。当作观赏石，晶体需完整无损，其完整程度依次可分为带有基岩、两晶头完整及仅有一个晶头的晶体等类型。作为观赏石，一些黑色不透明的绿帘石也很受市场欢迎。完整性、颜色、大小及矿物组合是影响观赏价值的主要因素。

⑥ 鉴别特征。柱状晶形、特征的黄绿色，可作为绿帘石的主要鉴别标志。

⑦ 成因及产状。绿帘石的形成与热液作用有关，广泛见于接触交代矽卡岩和热液蚀变脉体中。

⑧ 绿帘石矿物晶体观赏石的主要产地。我国河北邯郸、安徽铜陵的矽卡岩型铁、铜矿床中，分布有晶体相对完整的绿帘石。

6. 天河石（Amazonite）

① 化学成分。化学成分为钾的铝硅酸盐，化学式为：$K[AlSi_3O_8]$，含 Na，Rb，Cs，系微斜长石的变种，基本成分与正长石、微斜长石、冰长石相同。

② 形态。三斜晶系。晶体呈短柱状或板状。通常以半自形 - 他形的片状、

粒状或致密块状产出。双晶常见，且类型多，还有独特的格子双晶——由钠长石双晶和肖钠长石双晶组成的复合双晶。

③ 颜色。天蓝色或绿色（图4-53）。常见白色钠长石条带嵌杂，称为"条纹长石"，其分布有一定的方向性。

图4-53　天河石

④ 其他物理性质。条痕无色，不透明，玻璃光泽。沿 {001} 和 {010} 完全解理，此二组解理交角为 89°40′。莫氏硬度 6~6.5，相对密度 2.56。

⑤ 观赏价值。长石是自然界分布最多的矿物，在地壳中约占 50%~60%，但较有观赏意义的主要是呈蓝、绿色的含铷、铯的变种——天河石。一般的长石用于观赏的不多，除非具有独特的性质（如变彩的拉长石、透明的冰长石）或形态（如双晶、平行连生等）。而完整的天河石晶体，加上其他颜色的矿物组成五彩缤纷的观赏石，系经久不衰的品种。具有曼尼巴、卡斯巴等类双晶及钠长石条纹的天河石，其观赏意义更大。

⑥ 鉴别特征。晶形、特征的颜色、硬度、二组解理及交角，可作为天河石的主要鉴别标志。

⑦ 成因及产状。天河石主要产于花岗伟晶岩中，是花岗伟晶岩的主要造岩矿物之一。

⑧ 天河石矿物晶体观赏石的主要产地。我国的天河石矿物晶体，主要产

于新疆阿勒泰和云南泸水的花岗伟晶岩中。

7. 异极矿 (Hemimorphite)

① 化学成分。化学成分为含结晶水和羟基的锌的硅酸盐，化学式为：$Zn[Si_2O_7][OH]_2 \cdot H_2O$。常含有少量 Fe、Al、Pb 和 Ca 等。

② 形态。斜方晶系。晶体细小，呈板状。集合体呈粒状、放射状、皮壳状、肾状和钟乳状等（图 4-54 ）。

图4-54　蓝色异极矿集合体

③ 颜色。白色。集合体常带有黄、绿、蓝等色调。

④ 其他物理性质。透明，玻璃光泽。一组完全解理，解理呈珍珠光泽。莫氏硬度 4~5，相对密度 3.4~3.5。

⑤ 观赏价值。颜色鲜艳的异极矿，是一种重要的宝石矿物。作为宝石原料，可以加工成各种不同的琢型。从矿物晶体观赏石的角度而言，要求其晶体完整或具有特殊的集合体形态（颜色鲜艳），晶体中可以包含有裂纹或裂隙，透明度好，与其他矿物共生或生长在基岩上的异极矿，则最具观赏价值。

⑥ 鉴别特征。颜色、晶形和集合体形态特征，可作为异极矿的主要鉴别标志。

⑦ 成因及产状。产于铅锌硫化物矿床的氧化带与菱锌矿、白铅矿、闪锌矿、方解石和褐铁矿等矿物共生。

⑧ 异极矿矿物晶体观赏石的主要产地。我国的异极矿主要产于云南省的文山县的都龙锡矿和个旧锡矿。

8. 香花石（Hsianghualite）

① 化学成分。化学成分为含氟的钙、锂、铍的硅酸盐，化学式为：$Ca_3Li[BeSiO_4]_3F_2$。

② 形态。等轴晶系。晶体呈粒状，颗粒较小。主要单形有立方体、四面体、菱形十二面体、三角三四面体、四角三四面体、五角十二面体、五角三四面体等。常呈由不同单形组合而成的聚形。

③ 颜色。白色或乳白色。

④ 其他物理性质。透明，玻璃光泽，性脆。莫氏硬度6.5，相对密度2.9~3.0。

⑤ 观赏价值。1958年，由我国著名矿物学家黄蕴慧女士等发现于湖南临武锡多金属矿，命名为香花石，这也是我国学者发现的第一种新矿物。香花石的观赏价值，主要在于它独特的晶体形态和稀有性（图4-55）。

图4-55　香花石（白色）

⑥ 鉴别特征。颜色、晶体形态和硬度，可作为香花石的主要鉴别标志。

⑦ 成因及产状。产于花岗岩与石灰岩的接触带，含 Be 的绿色、白色条纹岩中，香花石晶体产于白色条纹岩中的黑鳞云母脉中，与锂铍石、塔菲石、金绿宝石和萤石等共生。

⑧ 香花石矿物晶体观赏石的主要产地。湖南郴州临武香花岭，仍是目前世界上唯一出产香花石矿物晶体的产地。

9. 红硅钙锰矿（Inesite）

① 化学成分。化学成分为含结晶水和羟基的钙、锰、铁的硅酸盐，化学式为：$Ca_2(Mn,Fe)_7Si_{10}O_{28}(OH)_2 \cdot 5H_2O$。

② 形态。三斜晶系。晶体常呈柱状和板状，集合体常呈束状、放射状和球状（图 4-56）。

图4-56 球状红硅钙锰矿集合体

③ 颜色。玫瑰红色、粉红色和橙红色。

④ 其他物理性质。透明、玻璃光泽，纤维状集合体呈丝绢光泽。发育一组完全解理，断口呈不规则状。莫氏硬度 5.5~6，相对密度 3.03~3.04。

⑤ 观赏价值。鲜艳的颜色，晶莹透明，呈束状等形态产出，是其观赏价

值所在。如与其他矿物共生，则观赏价值更高。

⑥ 鉴别特征。颜色、晶体和集合体形态、硬度，可作为红硅钙锰矿的主要鉴别标志。

⑦ 成因及产状。红硅钙锰矿产于热液和接触变质类矿床中，常与菱锰矿、硅锰矿共生。

⑧ 红硅钙锰矿矿物晶体观赏石的主要产地。我国的红硅钙锰矿晶体，主要产于湖北大冶的冯家山铜矿。

五、其他含氧盐类矿物晶体观赏石

1. 方解石（Calcite）

① 化学成分。化学成分为碳酸钙，化学式为：$Ca[CO_3]$，类质同象及机械混入物较多。

② 形态。六方晶系。是晶形最为多样的矿物之一，单形已见有数十种，常见的包括：复三方偏三角面体、菱面体、六方柱等，已知的不同聚形达700多种。方解石的集合体形态多种多样，由片状或纤维状方解石呈平行或近似平行的连生体，分别称为层解石和纤维方解石。晶簇状及钟乳状最具观赏意义（图4-57），其他集合体形态还有致密块状、粒状、土状、多孔状、鲕状、豆状、结核状、被膜状等。

图4-57　方解石晶簇

③ 颜色。无色或白色，常被 Fe，Mn，Cu，C 等染成浅黄、浅红、紫、褐、黑、蓝、绿等颜色，常见色带。无色透明的方解石称为冰洲石（Iceland spar，图 4-58）。

图4-58 冰洲石

④ 其他物理性质。具有完全解理，莫氏硬度 3，相对密度 2.6~2.9。

⑤ 观赏价值。方解石是一种很常见的矿物，易于采集。但是形态、颜色和组合俱佳的方解石，其价格很高。具蝴蝶状双晶和燕尾状双晶的方解石，具有较高的观赏价值。

⑥ 鉴别特征。形态、硬度、解理，加冷盐酸剧烈冒泡等特征，作为方解石的主要鉴别标志。

⑦ 成因及产状。方解石是地壳中分布最广的矿物之一，但精美的方解石晶体，主要产于热液矿脉中，作为各种金属矿床的脉石矿物。高温热液矿床中，常形成层解石；在中、低温热液矿床中，常成脉状或产于晶洞中；有时则充填于喷出岩气孔或裂隙中，形成冰洲石。

⑧ 方解石矿物晶体观赏石的主要产地。我国的方解石矿物晶体观赏石，产地很多。但观赏价值高的主要产于：湖南郴州桂阳县雷坪多金属矿、临武县香花岭锡多金属矿、宜章县瑶岗仙钨矿、耒阳县上堡硫铁矿、冷水江锡矿山锑矿；江西九江德安县武山萤石矿；广西恭城县岛坪铅锌矿、河池南丹县大厂锡多金属矿、贺州钟山县珊瑚钨锡矿、梧州岑溪县佛子冲铅锌矿；湖北黄石大冶县冯家山铜矿、大冶县铜绿山铜矿等地。许多方解石晶体，与锡石、黑钨矿、白钨矿、辰砂、

黄铜矿、闪锌矿、毒砂、黄铁矿、萤石、水晶、等矿物共生或伴生，十分美观。

2. 孔雀石（Malachite）

① 化学成分。化学成分为含羟基的铜的碳酸盐，化学式为：$Cu_2(CO_3)(OH)_2$。

② 形态。单斜晶系。单晶体少见，多以集合体产出，呈肾状、葡萄状、钟乳状、皮壳状、土状、晶簇状等形态，内部具有放射纤维状及同心层状结构。

③ 颜色。绿色，有的呈孔雀羽毛般的鲜绿色，有的则呈暗绿或绿灰色。

④ 其他物理性质。浅绿色条痕，微细单晶透明，集合体不透明或半透明，玻璃光泽至金刚光泽，纤维状集合体呈丝绢光泽。莫氏硬度3.5~4，相对密度4~4.5。

⑤ 观赏价值。以鲜艳绿色，集合体千姿百态，花纹多样（图4-59）。孔雀石呈蓝铜矿的假象者，最具观赏价值。

图4-59　孔雀石

⑥ 鉴别特征。鲜艳的绿色，特征的形态，可作为孔雀石的主要鉴别标志。

⑦ 成因及产状。孔雀石常见于含铜硫化物矿床的氧化带，是含铜硫化

物氧化后，所形成的易溶硫酸铜与方解石或碳酸盐岩（如石灰岩），发生交代作用的结果。孔雀石常与蓝铜矿、辉铜矿、赤铜矿、自然铜、针铁矿等矿物共生。并可呈蓝铜矿、赤铜矿、黄铜矿、方解石等假象。

⑧孔雀石矿物晶体观赏石的主要产地。我国的孔雀石矿物观赏石，主要产于广东阳春石菉铜矿、安徽贵池六峰山铜矿、江西九江城门山铜矿和湖北大冶铜绿山铜矿等。

3. 蓝铜矿（Azurite）

①化学成分。化学式为：$Cu_3[CO_3]_2(OH)_2$

②形态。单斜晶系。单晶常呈短柱状、薄板状、柱状。集合体呈晶簇状、致密粒状、放射状、土状、皮壳状、薄膜状等。

③颜色。多呈深蓝色，土块状体呈浅蓝色。

④其他物理性质。条痕浅蓝色。晶体呈玻璃光泽。解理完全或中等。贝壳状断口，断口面呈弱油脂光泽，莫氏硬度 3.5~4，性脆，相对密度 3.7~3.9。

⑤观赏价值。鲜艳、稳定的蓝色，造型好，与孔雀石等不同颜色的铜矿物共生者，观赏价值增高（图 4-60）。

图4-60 蓝铜矿与孔雀石共生

⑥ 鉴别特征。深蓝色，常与绿色的孔雀石共生，可作为蓝铜矿的主要鉴别标志。

⑦ 成因及产状。成因与孔雀石相同，常产于含铜硫化物矿床的氧化带，常与孔雀石共生。蓝铜矿不稳定，常可被孔雀石交代，因此，蓝铜矿在自然界的分布，没有孔雀石广泛。

⑧ 蓝铜矿矿物晶体观赏石的主要产地。我国的蓝铜矿矿物观赏石，主要产于安徽贵池六峰山铜矿、江西九江城门山铜矿、广东阳春石菉铜矿和湖北大冶铜绿山铜矿，常与孔雀石共生。

4. 菱锰矿（Rhodochrosite）

① 化学成分。化学成分为碳酸锰，化学式为：$Mn[CO_3]$，常含有 Fe、Ca、Zn 等类质同象混入物。

② 形态。三方晶系。晶体呈菱面体状，晶面弯曲，但很少见。常呈粒状、土状、鲕状、肾状、皮壳状集合体。

③ 颜色。鲜艳的玫瑰红色。风化后表面呈褐黑色。

④ 其他物理性质。玻璃光泽。莫氏硬度 3.5~4.5，相对密度 3.6~3.7。

⑤ 观赏价值。鲜艳的玫瑰红色，菱面体晶形，以及由弯曲的晶面组成的"花"形菱锰矿，以及菱锰矿与其他矿物共生的标本，最具观赏价值（图 4-61）。

图 4-61　菱锰矿与水晶共生

⑥ 鉴别特征。玫瑰红色，风化后矿物表面呈褐黑色，较低的硬度，可作为菱锰矿的主要鉴别标志。

⑦ 成因及产状。作为矿物晶体观赏石的菱锰矿，主要形成于热液型矿脉中，常与萤石、方解石、石英等矿物共生。

⑧ 菱锰矿矿物晶体观赏石的主要产地。我国出产菱锰矿矿物晶体观赏石的产地，主要有广西贺州钟山县珊瑚钨锡矿、广西梧州苍梧县六堡镇梧桐铅锌矿。

5. 菱锌矿（Smithsonite）

① 化学成分。化学成分为碳酸锌，化学式为：$Zn[CO_3]$，常含有 Fe、Mg、Mn 等类质同象混入物。

② 形态。三方晶系。完整晶形极少见，通常呈土状、钟乳状、肾状、皮壳状、葡萄状集合体（图 4-62）。

图4-62　菱锌矿

③ 颜色。成分纯者为白色，常因含铁而成为黄褐色，含铜而成浅绿色。

④ 其他物理性质。玻璃光泽。莫氏硬度 4.5~5，相对密度 4~4.5。

⑤ 观赏价值。含有杂质，颜色鲜艳，形态特殊的菱锌矿，具有较高的观赏价值。如果菱锌矿在氧化带与其他矿物共生的标本，则观赏价值更高。

⑥ 鉴别特征。依据形态、相对密度大和硬度较大，可作为菱锌矿的主要鉴别标志。

⑦ 成因及产状。产于锌矿床的氧化带，主要由闪锌矿氧化分解成易溶的硫酸锌，交代碳酸盐围岩（通常为石灰岩）或原生矿石中的方解石，在中性介质中形成。在地表氧化带，常与异极矿、白铅矿、褐铁矿等伴生。

⑧ 菱锌矿矿物晶体观赏石的主要产地。我国出产菱锌矿观赏石的产地，主要有广西融县泗汀铅锌矿床的氧化带。

6. 石膏（Gypsum）

① 化学成分。化学成分为含水的硫酸钙，化学式为：$Ca[SO_4] \cdot 2H_2O$。

② 形态。单斜晶系。晶体常见，呈平行双面、斜方柱等单形。板面常平行｛010｝，平行 C 轴的晶面常见纵纹，双晶普遍。一种依｛100｝为双晶面形成燕尾双晶（图4-63）。集合体多呈粒状、纤维状，依次称为雪花石膏和纤维石膏。

图4-63　石膏的燕尾双晶

③ 颜色。通常为白色或无色，无色透明称为透石膏（Selenite），有时含杂质而呈灰白、浅黄、浅褐等色。

④ 其他物理性质。条痕白色。透明，玻璃光泽为主，解理面呈珍珠光泽，纤维状集合体呈丝绢状光泽。性脆，莫氏硬度 1.5~2，相对密度 2.3。

⑤ 观赏价值。透石膏透明如水，完整的单晶常似锋利的剑，发育燕尾状双晶，晶簇千姿百态，呈玫瑰花状的集合体（又称沙漠玫瑰，图 4-64）、弯曲状的晶体（图 4-65）和具有包裹体的石膏最受人欢迎。石膏硬度低，性脆，解理极完全，容易损伤，颜色相对单调，共生矿物少。某些浅黄色、浅褐色的晶体透明度往往较差，所以石膏只能算是一种低档次的观赏石。

图4-64　石膏玫瑰（沙漠玫瑰）

图4-65　弯曲状石膏晶体

⑥ 鉴别特征。相对较低的硬度、一组极完全解理，以及各种特征的形态，可作为石膏的主要鉴别标志。

⑦ 成因及产状。在沉积岩层中分布广泛，在干旱气候条件下，以化学沉淀的方式沉积在盐湖中，与一些盐类矿物如石盐、钾盐和光卤石等形成互层。世界上的大多数石膏矿床，均属此成因类型。此外，在硫化物矿床氧化带中，原生硫化物被氧化后生成硫酸盐，再与围岩石灰岩互相作用，可以形成石膏。

⑧ 石膏矿物晶体观赏石的主要产地。我国的石膏晶体主要产于贵州六盘水、贵州黔西南州晴隆县大厂锑矿、湖北大冶冯家山铜矿、新疆富蕴县、青海、四川、湖南等地。

7. 重晶石（Baryte，Barite）

① 化学成分。化学成分为硫酸钡，化学式为：$Ba[SO_4]$。

② 形态。斜方晶系。常见晶体形态为板状和柱状（图4-66）。集合体通常呈板状，少数呈致密块状、钟乳状和具放射状结构的结核。

图4-66　重晶石晶体

③ 颜色。纯净者无色透明。但因含有杂质而被染成浅红色、黄色、褐色等各种不同的颜色。

④ 其他物理性质。透明至半透明，玻璃光泽，发育三组完全解理，解理

面呈珍珠光泽，性脆。莫氏硬度3~3.5，相对密度4.3~4.7。

⑤ 观赏价值。透明度高的板状和柱状晶体，晶莹剔透，形态特殊的集合体，以及被杂质染成的一些较鲜艳颜色的重晶石，具有较高的观赏价值（图4-67）。

图4-67　花瓣状重晶石

⑥ 鉴别特征。相对密度较大，板状晶形和三组完全解理，可作为重晶石的主要鉴别标志。

⑦ 成因及产状。重晶石晶体主要产于热液矿脉中，如石英-重晶石脉、重晶石脉、萤石-重晶石脉和方解石-重晶石脉等，常作为金属硫化物矿床的脉石矿物，与方铅矿、闪锌矿、黄铜矿、方解石、辰砂等矿物共生。

⑧ 重晶石矿物晶体观赏石的主要产地。我国的重晶石矿物晶体，主要产于湖南娄底冷水江的锡矿山锑矿和岳阳桃林铅锌矿、贵州黔西南晴隆县的大厂锑矿、河南卢氏县大河口锑矿、江西赣州瑞金县谢坊萤石矿，以及四川乐山金口河、云南东川等地。

8. 磷绿铅矿（Pyromorphite）

① 化学成分。化学成分为含氯的铅的磷酸盐，化学式为：$Pb_5[PO_4]_3Cl$。

② 形态。六方晶系。晶体常呈六方柱状，有时呈小圆桶状或针状，集合体为晶簇状、球状、粒状、肾状，常可发育有平行连生（图4-68）。

图4-68 磷绿铅矿晶簇

③ 颜色。黄绿色、绿色、黄色、褐色、橙红色等。

④ 其他物理性质。树脂至金刚光泽，半透明，无解理，性脆。莫氏硬度3.5~4，相对密度6.5~7.1。

⑤ 观赏价值。磷氯铅矿具有鲜艳的颜色，五彩缤纷、晶莹透亮，及晶簇状分布的六方柱状晶体，精美多姿，具有很好的观赏性。加之这种矿物数量稀少，是较为珍贵的矿物晶体观赏石。

⑥ 鉴别特征。颜色、晶形、较低的硬度和较高的相对密度，可作为磷绿铅矿的主要鉴别标志。

⑦ 成因及产状。主要产于铅锌矿床的氧化带，由地表水所含的酸与铅矿物作用的产物。常与其他铅锌的次生矿物如白铅矿、铅矾、菱锌矿、异极矿和褐铁矿伴生。

⑧ 磷绿铅矿矿物晶体观赏石的主要产地。我国的磷绿铅矿矿物晶体，主要产于广西桂林阳朔的阳朔铅锌矿和恭城县的岛坪铅锌矿。

9. 白钨矿（Scheelite）

① 化学成分。化学成分为钙的钨酸盐，又称钨酸钙矿，化学式为$Ca[WO_4]$，常含Mo。

② 形态。四方晶系。晶体呈四方双锥状，锥面上常见有条纹和蚀象（图4-69）。集合体呈不规则粒状、致密块状。

图4-69 四方双锥状白钨矿晶体

③颜色。常呈白色，有时略带浅黄、浅紫、浅褐或浅绿等颜色。

④其他物理性质。条痕白色，晶面呈金刚光泽，断口呈油脂光泽。性脆，解理中等。参差状断口，莫氏硬度4.5，相对密度5.8~6.2，随Mo含量的增加，相对密度降低。在短波紫外线照射下，多发浅蓝色荧光，含Mo较高者，发白色或黄白色荧光。

⑤观赏价值。白钨矿多呈细小粒状分布在矿石中，完整、粒大的四方双锥状晶体少见，而显得尤其珍贵，而且常常带有紫、褐、黄、绿等鲜艳的颜色，又具有发荧光的特性，是白钨矿作为矿物晶体观赏石的价值所在。与其他矿物共生，也将提高白钨矿的观赏价值（图4-70）。

图4-70 白钨矿与水晶、云母共生

⑥ 鉴别特征。颜色、晶形、光泽、较高的相对密度，可作为白钨矿的主要鉴别标志。

⑦ 成因及产状。在矽卡岩成因的矿床中，常与透辉石、石榴石、绿帘石、透闪石、辉钼矿、毒砂和闪锌矿等矿物共生。在热液成因矿床中，常与黑钨矿、锡石、萤石、绿柱石、电气石、锂云母、辉锑矿、黄玉、石英及自然金等矿物共生。

⑧ 白钨矿矿物晶体观赏石的主要产地。我国白钨矿矿物晶体，主要产于湖南郴州瑶岗仙钨矿、四川平武雪宝顶钨锡多金属矿、内蒙古赤峰克什克腾旗黄岗铁锡多金属矿、江西大余漂塘钨锡矿、广东怀集多罗山钨矿等地。

六、卤化物类矿物晶体观赏石

1. 萤石（Fluorite）

① 化学成分。化学成分为氟化钙，化学式为：CaF_2。

② 形态。等轴晶系，单晶体多呈立方体，少数为八面体及菱形十二面体（图4-71），聚形较常见，有的晶面较光滑，有的布满各种蚀象及花纹。晶簇常见，粒状或块状集合体较多。

图4-71　八面体萤石

③ 颜色。晶体呈现各种不同的颜色，有无色、紫色、蓝色、绿色、黄色、橙色、褐色，甚至红色、灰黑色等（图4-72~图4-75）。同一晶体常具有多种颜色，颜色条带平行于立方体或八面体的晶面，显示其生长过程中环境条件的变化。

图4-72　萤石（无色）　　　　图4-73　萤石（绿色）

图4-74　萤石（紫色）　　　　图4-75　萤石（蓝色）

④ 其他物理性质。玻璃光泽。性脆。解理平行 {111} 完全，莫氏硬度4，相对密度为 3.18。具有荧光现象。某些品种具有热光性，加热后可发出磷光。

⑤ 观赏价值。萤石以其艳丽而多样的颜色，透亮的光泽成为极普遍的矿物晶体观赏石。与多种金属、非金属矿物共生者，或内含各种包裹体者，更

能给收藏者增添情趣。会发磷光者，则更具价值。

⑥ 鉴别特征。晶形、解理、硬度、荧光性，可作为鉴别标志。

⑦ 成因及产状。萤石是一种多成因的常见矿物，萤石晶体观赏石常以热液成因为主，与中、低温金属硫化物及碳酸盐共生，常以脉状的形式产出。

⑧ 萤石矿物晶体观赏石的主要产地。我国的萤石产地很多，产出萤石晶体观赏石的主要有：湖南耒阳上堡硫铁矿、湖南岳阳桃林铅锌矿、湖南临武香花岭锡多金属矿、江西德安吴山萤石矿、江西大余县漂塘钨锡矿、江西赣州瑞金县谢坊萤石矿和贵州独山半坡锑矿。

耒阳上堡硫铁矿是世界著名的萤石晶体产地。萤石以绿色为主，其次为蓝色、无色，多呈立方体、八面体等晶形也有产出，晶体以 10~20mm 居多，超过 50mm 者也常见，常与黄铁矿、石英、方解石、白云石、重晶石等矿物共生。

贵州独山县半坡，半坡锑矿床在矿物收藏界名声大振不是因为锑矿，而是萤石。这是一种生长在辉锑矿上的紫色萤石，晶体虽不大，最大单晶只有约 5mm，可紫色萤石与辉锑矿共生一体，相映生辉，深受矿物收藏者喜爱。

　　每一件化石都记录着地球演化的一段历史，是生物进化的见证，展现沧海桑田的巨大变迁。埋藏在不同地层中的化石，犹如一种特殊的"文字"。面对它，人们似乎可倾听历史老人的喃喃叙说，可遥想几百万年乃至几亿年前的种种景象，它记录着古生物生存、活动的历史和地层的年龄，是划分"地质年代"的重要依据，成为人类开启"地球迷宫"的一把"钥匙"。因此，化石具有极高的科学价值。此外，化石还具有很强的观赏价值，是一种最神奇、最稀有、最珍贵的观赏石。形状完整的化石观赏石，形象逼真、体态丰盈，使人欣赏到远古时期生物的美妙形象。同时，化石因隐埋在不同时代的地层之中，数量稀少，可以满足人们鉴赏化石观赏石的珍、奇、美的要求。

第一节

化石观赏石的形成条件及分类

　　化石是保存在各个地史时期岩层中的生物遗体和遗迹。化石必须反映一定的生物特征，如形状、大小、结构、纹饰等。地球上动植物的种类很多，并不是都有机会保存成为化石，成为化石的概率可能仅有万分之一甚至更低。而有幸保存下来的化石中，只有极少数能被发现，且大多数又是不完整的，从这一侧面可见化石之宝贵。因此，化石是非常珍贵的自然遗产。其中，实体化石本身就非常珍稀，其精美性、完整性更呈现了古代生物的奇妙和大自然的美，具有重要的观赏价值。要采集化石作为观赏石，应该具备一定的古生物知识和地质学知识。不同的地质时代产生不同的化石，只有了解古代地理环境，才知道什么岩层中会有哪一类化石。只有掌握古生物的生活习性、特征、分布区域，才能识别各种化石。

一、化石观赏石的形成条件

古代生物形成化石，其形成条件包括：生物本身的内在条件、地质环境的外界因素和时间因素。

1. 生物本身的内在条件

生物遗体成为化石，一般应具有有利于保存的生物体结构，主要是生物体中的硬体。如：蚌、蛎的贝壳，脊椎动物的骨骼等，这些由矿物质组成的硬体比起动物的软体不易毁灭。

2. 外部的地质环境

生物死后，必须有掩盖物质将生物遗体迅速掩埋起来，免遭生物、机械或化学作用的破坏。如暴露在空气中，易被氧化或遭受其他生物的吞食而破坏。一般来说，覆盖的沉积物越细，沉积时的环境越宁静，氧气越不流通的环境，越利于化石的保存。此外，化石形成后需没有受到强烈的构造运动和火山活动影响。

3. 时间因素

生物掩埋后，必须经过一段或长或短的地史时期，随着沉积物固结成岩，生物体也经历着各种不同的石化作用，才能变得坚硬如石，得以保存为化石。

二、化石观赏石的分类

化石本身必须具备两个特征：自然形成的生物学特征和地史时期这一时

代特征。根据化石在地层中的保存特点，可以分为四类：实体化石、模铸化石、遗迹化石和化学化石。

1. 实体化石

指古生物遗体本身全部或部分保存下来的化石。这类化石的观赏价值最高，是化石观赏石中数量最多的一类，其生物结构特征保存得最好，它的科学价值和收藏价值也是最高的。实体化石的形成一般都需要经过石化作用，主要包括以下三种类型：

① 充填作用。地下的矿物质充填到生物体硬体组织中疏松多孔的地方，使硬体变得更加致密。这种石化作用没有改变生物体原来的组织结构，但增加了重量和成分。

② 交代作用。生物硬体被埋藏后，不断被地下水所溶解，同时又被地下水所携带的矿物质所交代。这种石化作用保持了生物硬体的形态大小和结构构造，但它改变了生物硬体的成分。

③ 升馏作用。一般发生在几丁质、几丁 - 蛋白质或蛋白质骨骼中。这些有机质中的易挥发成分（氧、氢、氮）在地下的高温高压作用下，往往被遗失掉，留下比较稳定的炭质形成薄膜。如：植物的叶片、笔石和某些节肢动物。

2. 模铸化石

模铸化石不是生物遗体本身直接形成，而是由其遗体（骨骼或软体）在围岩里留下的印迹、复铸物、印痕等。可进一步划分为：

① 印痕化石。生物体印在岩层顶底面上的痕迹，一般是扁平的生物或不太硬的生物所形成。遗体通常受到破坏，但留下的印迹却能反映该生物体的主要特征。一些不具硬壳的生物，在特定的地质条件下，也可保存其软体的印痕，其中最常见的是植物叶子的印痕。

② 印模化石。具有凸凹壳的生物体印在围岩上的痕迹。印模化石包括：外模和内模两种。外模是生物体外凸部分印在围岩上的凹形，体现了生物壳外表的大小形态和纹饰特征。内模指生物壳的凹面印在围岩上的痕迹，呈现为凸形，反映了壳内表面的大小、形态和构造特征。

③ 模核化石。生物硬体所包围的内部空间或生物硬体溶解后形成的空间，被沉积物充填固结形成的化石。模核化石也可分为外核和内核。外核是生物壳体溶解后，外模使其填充物保持了壳体原来的外形，但他们没有内部构造，为一实心体。内核则是壳体内部的空腔被填充后的形态体。

④ 铸型化石。当生物遗体掩埋在沉积物中，已经形成外模及内核后，原来的生物质被另一种矿物质所充填，类似于传统的铸造工艺，使充填保存原生物体的形态和大小，这样就形成了铸型化石。它的表面与原生物体的外饰一致，而内部则被其他的矿物质充填，失去了生物体原来的构造特征。

3. 遗迹化石

指古代生物生活活动时留在沉积层表面或内部的痕迹和遗物。遗迹化石包括：①高等动物行动时留下的足迹，根据足迹的形态大小、深浅、排列等，还可推测动物的体重、大小、行走的速度和食性等；②低等动物爬行、移动时，在松软的沉积物上留下的爬行痕迹。此外，广义的遗迹化石，还包括高等动物的蛋化石，如恐龙蛋化石等。

4. 化学化石

保存在地层中的组成生物体的最基本的有机成分的残余物，如氨基酸、脂肪酸等，这种视之无形，但具有一定的化学分子结构，可以证明生物存在的化石，称之为化学化石。

综上所述，从化石观赏石的角度而言，上述的四种化石类型，具有观赏价值的主要是前面三类，而最具观赏价值的则是实体化石。

三、化石观赏石的作伪手段及识别方法

随着化石观赏石市场的兴盛，市场上也出现了一些作伪的化石，有的将不同化石人为地组合在一起，有的则用岩石用人工雕刻的方法，仿制雕刻某种化石，有的则用其他的材料伪造化石观赏石，作伪手段多样，不胜枚举。但归纳起来，在化石观赏石市场上，作伪手段主要包括以下几个方面。

1. 仿制雕刻

利用人工雕刻的方法，借助于石刻工具，在岩石块体上仿制雕刻某种化石的全部或局部构造。人工仿制雕刻的"化石观赏石"主要有：贵州龙、三叶虫、鱼化石等。这种作伪手段的识别方法，就是借助放大镜等工具，进行仔细观察，并结合古生物学知识加以鉴别。

2. 描绘

利用颜料和笔，对化石的缺损部位进行仿绘。经过描绘的"化石观赏石"主要有：昆虫、植物的叶片、花萼等。这种作伪手段的识别方法，就是用棉签蘸水或酒精，轻轻湿润有疑点的部位并轻擦，则可见墨染棉球的现象。

3. 镶嵌

将脱离围岩的化石全部或局部嵌入凿好孔的另一块岩石中，以改变外观造型。这种作伪手段的识别方法，就是仔细观察化石与底座岩块间的结合部位是否紧闭而自然，两者间的结合部位是否存在胶结或填渣现象，两者物质成分是否一致。当有矿物质细脉或细小裂隙同时穿插或切割化石体和围岩时，一般为真品。

4. 黏贴

将脱离下来的化石碎片或断片化石重新凑合，用胶黏剂黏合在岩石上。这种作伪手段的识别方法，就是仔细观察两者的结合处是否有胶、岩石的粉末和碎渣，并在不显眼处用牙刷轻轻擦拭，观察是否有残渣剥落。

5. 移植

将化石的某一部位嵌接移植到缺少该部位的另一块主体化石上。

6. 模铸

用石膏、水泥、固体石蜡浇铸，再上色或涂料而成。

化石观赏石的评价原则

　　化石必须是天然形成的，不仅化石的主体是天然形成的，而且同一块标本上的其他化石也必须是天然形成的，而非人工黏合、堆砌而成。真实无伪，应视为化石观赏石的首要品评标准。基于天然形成的化石基础上，化石观赏石还可以从形态、神韵、稀有、奇特、质地和色泽等方面进行评价。

一、形态

　　主要指生物体保存的完整程度及其体态的造型美。也就是说保存的化石，除了生物体的硬体构造，还包括生物体的部分软体印痕。在保存完整的前提下，还需注意生物的体态造型美，缩头折尾、结构错位的生物化石，不如飘逸动感的生物化石。此外，呈立体形态的化石优于被压扁、压平或仅具印痕的化石。

二、神韵

　　指化石所反映出的意境能否永恒地耐人寻味，久久难忘，既能使赏石者大饱眼福，又能使其自然而然地被眼前石品的神态所感染，从而不知不觉地被其牵动，而进入浮想联翩、回味无穷的境地，起到赏心悦目的作用，使人产生艺术之美的联想。具有这种艺术魅力的化石，即谓之神韵兼备。

三、稀有

　　稀有是化石观赏石评价的一条重要原则，某些化石的保存数量稀少，因而罕见难求。化石越稀有，其收藏价值和观赏价值也就越高。如：鸟类化石、蛇化石、完整的昆虫类化石、完整的鱼类化石等。而市场较多见的珊瑚类化石和腕足类化石则价值较低。

四、奇特

化石观赏石不仅具有一般观赏石的特点，而且还保存有生物所特有的新奇、独特之处。如保存在琥珀中的栩栩如生的小蜜蜂、小蚊虫等。

五、质地

化石的质地包含着两个方面的含义，其一为化石的石化（矿化）程度；其二为化石受何种矿物成分替代。前者从手持标本的重量上即可衡量，石化程度高者手感重，表示生物的空隙处均被矿物质充填、交替，此为上品；手感轻者或肉眼可见空隙而且质地松散者石化程度必差，则非上品。后者指交替或充填矿物质的成分是硅质、钙质、镁质、铁质、泥质或升馏残留的炭质。其中以坚实而稳定者为好（硅质、钙质、铁质），松散易损者为差（镁质、炭质、泥质）。需要特别说明的是，植物化石、昆虫类化石多为升馏残留的炭质，则不能以此一概而论。

标本的风化程度强弱，也是化石观赏石评价的一个重要的因素。风化作用可以使牢固封藏在围岩里的化石显露出来，但当风化过强，使化石体崩解、流失，所剩无几，或变得松散、娇脆，就难以收藏。故新鲜结实者为佳，松软散缺者为差。

六、色泽

化石观赏石的优劣除考虑其本身的色质、色度的鲜明和稳定程度外，对于有围岩（或底板）的标本来说，还要考虑化石体与围岩（或底板）间的色彩对比度强弱；对比度大者，化石形体明显、充实，对比度低者则不显现。如黑色页岩中保存有黑色的植物叶片化石，这样的标本由于两者的色彩对比度不明显，从观赏的角度而言也不易观赏。而反之如果在浅色的围岩上呈现深色的化石，则两者的色彩对比度大，易于观赏，显然后者的价值明显高于前者。

　　总之，从化石观赏石的色泽角度而言，以底色浅，主体色深者为最佳（正像类型）；底色深，主体色浅者（负像类型）稍次。如果化石与围岩两者之间，不是以颜色深浅相区分，而是以不同的颜色加以分别，也是优质的色泽分布类型。

　　综上所述，化石观赏石的形态和神韵是评价的精髓，是观赏价值所在。而稀有、奇特、色泽和质地，则是形态和神韵的补充和完善。

古生物与地质年代表

一、古生物在地质时期的演化特点

　　在自然界化石的形成，一般是由具备硬体的生物遗体，被地下水中的矿物质逐步而缓慢地交代或充填作用的结果，有的是生物遗体中所含不稳定成分挥发逸去，留下其中的炭质薄膜的结果。所以生物遗体的成分通常已变成矿物质，但化石的形态和内部构造仍保持着原来生物骨骼或介壳等硬体部分的特征。

　　生物的演变是从简单到复杂、从低级到高级、从水生到陆生不断发展的。一般来说，年代越老的地层中所含生物越原始、越简单、越低级。而反之年代越新的地层，所含生物越进步、越复杂、越高级，并且具有不可逆性。因此，不同时期的地层中，含有不同类型的化石及其组合，而在相同时期且在相同地理环境下所形成的地层，只要原先的海洋或陆地是相通的，都会含有相同的生物及其组合。也就是说，不同地层中的生物化石相比较，可确定化石的先后次序，称为化石层序律。

早在达尔文之前，英国的工程师威廉·史密斯（W. Smith，1769—1839）就发现可以根据化石是否相同，来对比不同地区的岩层是否为同一时代。这一方法至今仍然是确定沉积岩年代的主要方法之一。但是，并不是所有的化石都能用来划分对比地层。因为有的生物适应环境变化的能力很强，在很长的时间内，它们的特征没有显著变化，这类生物的化石对划分和对比岩层的意义不大。只有那些时代分布短、特征显著、数量众多、分布广泛的化石才用于确定地层地质年代，这种化石称为标准化石。

二、地质年代表的建立

为了研究地球发展历史，首先要建立地质时代。根据世界各地区地层划分对比的结果，以及生物演化阶段、大的构造运动、古地理环境变化等的研究，结合同位素年龄的测定，建立起包括地史时期所有地层在内的世界性的标准年代地层表及相应的地质年代表，综合反映了地壳中无机界和有机界的演化顺序及阶段。

地质学家根据生物演化顺序、过程、阶段、大的构造运动、古地理环境变化等，结合同位素年龄，将地球的全部历史划分成许多自然阶段，即地质年代。按新老顺序进行划分，构成了地质年代表（表5-1）。首先以生物的演化阶段划分出三个最高级别的地质年代单位，由老到新依次为太古宙、元古宙和显生宙。在显生宙中，再根据生物界的总体面貌差异，划分出三个二级地质年代单位：古生代（即古老的生命，包括早古生代和晚古生代）、中生代（即中等年龄的生命）、新生代（即新生命的开始）。在地质年代表中，最常用的地质年代是"代"以下的三级年代单位——"纪"。每个纪的生物界面貌各有特点，每个纪还可再细分成"世"。

地质年代表具有不同级别的地质年代单位。最大一级的地质年代单位为"宙"，一般以生物演化阶段来划分；在"宙"的时间再按生物门类的演化特征及大地构造运动划分出次一级单位"代"；第三级单位"纪"，第四级单位"世"，一般是以生物演化和古地理环境变化来划分的。与地质年代单位相对

应的年代地层单位是：宇、界、系、统，它们是在各级地质年代单位内形成的
地层，二者对应关系如下：

地质年代单位　　　　　年代地层单位

宙……………………………………宇

代……………………………………界

纪………………………………………系

世…………………………………………统

三、地球环境与古生物演化

1. 藻类和无脊椎动物时代——元古代、寒武纪、奥陶纪（约 25 亿 ~4.38 亿年前）

藻类是元古代海洋中的主要生物，大量藻类如蓝藻、绿藻、红藻在浅海底一代复一代的生活，逐渐形成巨大的海藻礁，又称叠层石。

寒武纪时各门类无脊椎动物大量涌现，但以三叶虫为最多，约占当时动物界的 60%。

奥陶纪时各门类无脊椎动物已发展齐全，海洋呈现一派生机蓬勃的景象。主要包括腕足、珊瑚、鹦鹉螺以及古杯类、腹足类、苔藓虫等。

2. 裸蕨植物和鱼类时代——志留纪、泥盆纪（距今 4.38 亿 ~3.55 亿年前）

这段时期，生物发展史上有两大变革：

其一是生物开始离开海洋，向陆地发展。首先登上陆地的是绿藻，进化为裸蕨植物，它们摆脱了水域环境的束缚，在变化多端的陆地环境生长，为大地首次添上绿装。

其二是无脊椎动物进化为脊椎动物。志留纪时出现的无甲胄鱼类，是原始脊椎动物的最早成员，但却不是真正的鱼类；到泥盆纪时出现的盾皮鱼类和棘鱼类才是真正的鱼类，并成为水域中的霸主。

表5-1　中国地质年代（区域年代地层）表

宙（宇）	代（界）	纪（系）	世（统）	同位素年龄值/百万年	构造阶段	生物界 植物	生物界 动物
显生宙（宇）PH	新生代（界）Cz	第四纪（系）Q	全新世（统）Qh	0.01	喜马拉雅阶段（新阿尔卑斯阶段）	被子植物繁盛	人类出现
			更新世（统）Qp	2.6			哺乳动物与鸟类繁盛
		新近纪（系）N	上新世（统）N_2				
			中新世（统）N_1	23.3			
		古近纪（系）E	渐新世（统）E_3				
			始新世（统）E_2				
			古新世（统）E_1	65			
	中生代（界）Mz	白垩纪（系）K	晚白垩世（统）K_2		燕山阶段（老阿尔卑斯阶段）	裸子植物繁盛	爬行动物繁盛
			早白垩世（统）K_1	137			
		侏罗纪（系）J	晚侏罗世（统）J_3				
			中侏罗世（统）J_2				
			早侏罗世（统）J_1	205			
		三叠纪（系）T	晚三叠世（统）T_3		印支阶段		
			中三叠世（统）T_2				
			早三叠世（统）T_1	250			

续表

宙（宇）	代（界）		纪（系）	世（统）	同位素年龄值/百万年	构造阶段	生物界	
							植物	动物
显生宙（宇）PH	古生代（界）Pz	晚古生代（界）Pz₂	二叠纪（系）P	晚二叠世（统）P₃		海西构造阶段（天山阶段）	蕨类原始裸子植物繁盛	两栖动物繁盛
				中二叠世（统）P₂				
				早二叠世（统）P₁	295			
			石炭纪（系）C	晚石炭世（统）C₂				
				早石炭世（统）C₁	354			
			泥盆纪（系）D	晚泥盆世（统）D₃			蕨类植物繁盛	鱼类繁盛
				中泥盆世（统）D₂				
				早泥盆世（统）D₁	410			
		早古生代（界）Pz₁	志留纪（系）S	顶志留世（统）S₄		加里东构造阶段（祁连山阶段）		海生无脊椎动物繁盛
				晚志留世（统）S₃				
				中志留世（统）S₂				
				早志留世（统）S₁	438			
			奥陶纪（系）O	晚奥陶世（统）O₃			藻类植物及菌类植物繁盛 真核生物出现	
				中奥陶世（统）O₂				
				早奥陶世（统）O₁	490			
			寒武纪（系）Є	晚寒武世（统）Є₃				
				中寒武世（统）Є₂				
				早寒武世（统）Є₁	543			

续表

宙（宇）	代（界）	纪（系）	世（统）	同位素年龄值/百万年	构造阶段	生物界 植物	生物界 动物
元古宙（宇）PT	新元古代（界）Pt₃	震旦纪（系）Z	晚震旦世（统）Z₂		晋宁构造阶段		裸露无脊椎动物出现
			早震旦世（统）Z₁	680			
		南华纪（系）Nh	晚南华世（统）Nh₂				
			早南华世（统）Nh₁	800			
		青白口纪（系）Qb	晚青白口世（统）Qb₂				
			早青白口世（统）Qb₁	1000			
	中元古代（界）Pt₂	蓟县纪（系）Jx	晚蓟县世（统）Jx₂				
			早蓟县世（统）Jx₁	1400			
		长城纪（系）Ch	晚长城世（统）Ch₂			原核生物	
			早长城世（统）Ch₁	1800			
	古元古代（界）Pt₁	滹沱纪（系）Ht		2300	吕梁阶段		
太古宙（宇）AR	新太古代（界）Ar₃			2500			
	中太古代（界）Ar₂			2800	陆核形成阶段		
	古太古代（界）Ar₁			3200			
	始太古代（界）Ar₀			3600			

3. 蕨类植物和两栖动物时代——石炭纪、二叠纪（距今 3.55 亿 ~2.5 亿年前）

石炭纪时裸蕨植物已绝灭了，代之而起的是石松类、楔叶类、真蕨类和种子蕨类等孢子植物，它们生长茂盛，形成壮观的森林。与森林有密切关系的昆虫亦发展迅速，种属激增。

脊椎动物在石炭纪时向陆上发展，但因为不能完全脱离水域生活，只能成为两栖类动物，到二叠纪末期，两栖类逐渐进化为真正的陆生脊椎动物——原始爬行动物。

4. 裸子植物和爬行动物时代——中生代（距今 2.5 亿 ~0.65 亿年前）

中生代是地球发展历史上一个较活跃的时期，主要表现为联合古大陆的解体、板块漂移，古地理、古气候的明显变化，生物界面貌焕然一新。许多海洋无脊椎动物绝灭，如三叶虫、四射珊瑚、蜓等。代之以菊石和双壳类动物的繁盛。

中生代生物界最大的特点是继续向适应陆生生活演化。

裸子植物进化出花粉管，能进行体内受精，完全摆脱对水的依赖，更能适应陆生生活，形成茂密的森林。

脊椎动物中鱼类和两栖类相当繁盛，爬行动物迅速发展，演化出种类繁多的恐龙，成为动物界的霸主，占据了海、陆、空三大生态领域。

中生代后期，出现了鸟类以及哺乳动物。

5. 被子植物和哺乳动物时代——新生代（0.65 亿年前至今）

中生代末期，生物界又一次发生了剧烈的变革，极度繁盛的恐龙突然绝灭；海域里很多无脊椎动物如海蕾、海林檎、菊石、箭石等，亦未能够逃脱这次巨变而遭淘汰。腹足类、双壳类、六射珊瑚等进一步发展。

进入新生代，一些类群如鸟类和哺乳类等产生了更高级的科、属，获得兴盛发展；被子植物因种子在子房内发育，并进行双受精作用，完全摆脱了水域环境的束缚，取代了裸子植物，成为植物界的霸主。

常见的化石观赏石赏析

一、珊瑚类

珊瑚为腔肠动物门中的一个纲，全为海生，大多具有外骨骼，主要由碳酸钙和介壳素组成。珊瑚硬体的骨骼经石化作用后，形成珊瑚化石，常保存于灰岩及泥灰岩中，珊瑚硬体的形态多样，分为单体和复体两类。单体者以角锥状及拖鞋状最具观赏价值，复体者以多角状及丛状常见，也具有一定的观赏价值。总体而言，珊瑚化石在化石观赏石中仅属于中低档品种。

1. 六方珊瑚

块状复体，个体呈多角柱状。两级隔壁，有时具脊板。鳞板带宽，由多列半圆形鳞板组成。横板带窄，横板多不完整，常见边板。主要产于西南各省及湘、桂、粤和秦岭西部的中泥盆统（D_2）的灰岩及泥灰岩中，以产泥灰岩中而易风化的萼部的完美球团状或粗蘑菇状复体者最具观赏价值。

2. 蜂巢珊瑚

蜂巢珊瑚是块状群体珊瑚，个体为多角形，体壁比较薄，个体之间有壁孔或角孔相通，壁孔 1~4 列，床板构造发育，但隔壁构造却不甚发育或只发育了很短的隔壁刺（图 5-1）。

3. 贵州珊瑚

个体最大的单体珊瑚，一般体长 15~30cm，体径 4~7cm，外观似牛角状，俗称"牛角石"。珊瑚体表面的外壁具密集的横向环纹，风化后可见平行纵列的隔壁之间，规则地排列着的细小鱼鳞状结构（鳞板）。横断面上见近百条辐射排列的隔壁及在隔壁间密集排列的细小鳞板（图 5-2）。主要产于桂、黔和滇西的下石炭统（C_1）灰岩及泥灰岩中，产自泥灰岩中的贵州珊瑚，由于风化作用的缘故，可获得完整的个体珊瑚，具有较高的观赏价值。

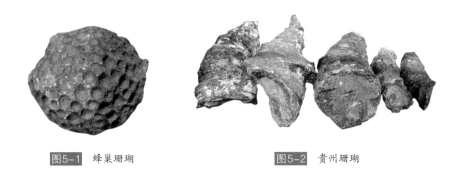

图5-1　蜂巢珊瑚　　　　　　　　图5-2　贵州珊瑚

4. 链珊瑚

由近于平行排列的扁圆管状个体并连成链状，每个个体直径约 1.5~2.5cm，纵面上横板平而密集（图 5-3）。主要产于鄂、黔南、川北等地。

5. 笛管珊瑚

个体之间由横向连管的众多细而圆的分枝丛状珊瑚体组成，横断面上仅见分离的圆形个体（体径 1.5~3cm），纵断面上为分枝丛状（图 5-4）。主要产于桂、湘和黔的下石炭统（C_1）灰岩、泥灰岩中。

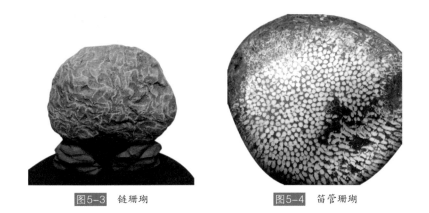

图5-3　链珊瑚　　　　　　　　图5-4　笛管珊瑚

二、腕足类

腕足动物是一类品种繁多而具两瓣硬壳的单体海生底栖生物。志留纪至二叠纪最为繁盛,主要保存在灰岩、泥灰岩及钙质页岩中,以产于泥灰岩中者易于风化出保存完美的化石观赏石,特别是大量个体聚集于同一块标本上者观赏价值较高,由于腕足类化石数量多、易采集,所以除个别体大者外,多属中低档品种。

1. 弓石燕

由背、腹两壳组成,腹壳具鸟嘴状尖喙,中央具凹下的腹中槽;背壳稍小,中央具隆起的背中隆;全壳都布满自喙散出的壳线,两壳相连的绞合线直而长(图 5-5)。主要产于湘上泥盆统(D_3)泥灰岩及泥岩中。

2. 喙石燕

绞合线直而长,两端呈尖翼状伸展,背中隆及腹中槽明显,壳体具自喙散出的波状壳褶(图 5-6)。主要产于桂,次为滇东及东北地区,见于下泥盆统(D_1)泥岩、泥灰岩及页岩中。

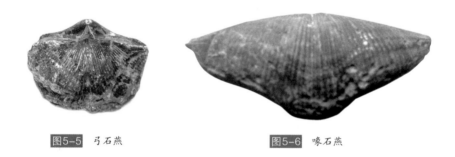

图5-5　弓石燕　　　　　　　　图5-6　喙石燕

3. 鸮头贝

壳体呈心形至球形,壳质厚,腹喙高突而向内弯;两壳的中央对称面位置具坚实的中隔板。当外壳保存好时,可见细的同心纹(图 5-7,图 5-8)。主要产于滇东及桂中一带中泥盆统(D_2)泥灰岩、灰岩及白云岩中。产于泥灰

岩中易风化剥落，保存完整而体大者为上品，多个肥大而完整的个体连生于
同一标本者最具观赏价值。

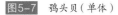
图5-7　鸱头贝（单体）

图5-8　鸱头贝（多体）

三、头足类

头足类中最具观赏价值的化石有鹦鹉螺类（如直角状的角石及卷壳状的
盘角石）和具复杂缝合线的菊石类。其全为海生肉食性生物，壳体内具隔壁
和体管。前者盛产于鄂西、湘北、黔北及华北的奥陶系泥灰岩及灰岩中。后
者产于华南及我国西部晚古生代及中生代海相地层中。

1. 震旦角石

壳体呈尖而窄的直长圆锥形，表面具波状横纹，当风化或纵向剖开时，
见指向壳体尖端的漏斗状隔壁和体管，在横切面中心可见圆而小的体管。最
大壳体长达 100cm，一般 20~50cm，古无脊椎动物（图 5-9）。主要产于鄂西、
湘西北一带的中奥陶统（O_2）泥灰岩中。

2. 阿门角石

壳体呈直而扁圆的窄锥状，隔壁密，体管粗大而呈串珠状。壳体
长 20~50cm，完整者罕见（图 5-10），主要产于华北地区奥陶系（O）
灰岩中。

图5-9 震旦角石

图5-10 阿门角石

3. 菊石

菊石是一种已经绝灭的软体动物,由鹦鹉螺演化而来,与鹦鹉螺的形状相似,属头足类动物。菊石体外有一个硬壳,大小差别很大,壳为几厘米或者十几厘米,最小仅 1 cm,壳的形状有三角形、锥形、旋转形等(图 5-11,图 5-12)。

图5-11 菊石

图5-12 菊石横切面

四、三叶虫类

属节肢动物门的三叶虫纲,全为海生。其属种繁多,大小不一,体长

1~75cm，一般 3~5cm。三叶虫在寒武纪和奥陶纪最为繁盛。到二叠纪末绝灭。背部为几丁质（角质）的甲壳组成，易于保存为化石，因背甲被两条背沟纵分为轴部和左右对称的两个肋叶，故名三叶虫。从前至后又可分为头、胸、尾三部，由于三叶虫终生阶段性脱壳，所以常见头甲、尾甲分散保存为化石。

三叶虫绝大多数营游移底栖生活，生活在泥质或泥灰质海底，少数漂游中钻入泥中。因此，三叶虫化石常产在灰岩、泥质灰岩中。

部分完整、清晰的三叶虫除作为观赏石收藏外，用三叶虫制作的各种工艺品，在市场上也较多见。

1.蝙蝠虫

完整体长 3~8cm，常见头、胸、尾分散保存，其中以尾甲形态最具鉴别意义，尾部具一对强大的前肋刺，对称生于左右两侧，期间为锯齿状小刺，形似群鸟飞翔者为上品（图 5-13）。主要产于鲁西、湘西等地，晚寒武世（ϵ_3）的泥灰岩和钙质页岩中。

2. 湘西虫

完整体长 10~20cm，头甲半圆形并向左右两端收成向后的弯形颊刺，眼呈新月形。胸甲 13 节，尾甲横卵形分 10 节，尾肋向后弯曲，尾后缘具一对小侧刺（图 5-14）。主要产于湘西早奥陶世（O_1）的泥灰岩和含泥质灰岩中。

图5-13 蝙蝠虫

图5-14 湘西虫

3. 王冠虫

完整体长 3~6cm，头甲三角形，头颊刺细而长指向后方。胸甲分 11 节，尾甲长三角形，轴部分节多而密集（图 5-15）。主要产于川南、黔北、西等地中志留世（S_2）的黄色页岩中。

图5-15　王冠虫

五、昆虫类

昆虫是一类种类繁多而具三对足，且多数有翅的节肢动物，最早出现于晚古生代，中生代繁盛，新生代至今为鼎盛期。我国昆虫化石主要产于晚侏罗世至早白垩世及古新世地层的页岩中：

① 冀东、鲁西、辽西的上侏罗统至下白垩统浅绿褐色致密页岩中的拟蜉蝣、裂尾蜉、中摇蚊、蜻蜓、蜜蜂等（图 5-16）。

② 辽宁抚顺煤田琥珀中的蚊、蠓、蝇、蚁等，时代属古近纪早期。

③ 山东临朐山旺上古近系下部纸状硅藻页岩中的蟒、蚊、蚁、蛾、蝇等。

图5-16　蜻蜓

六、棘皮动物类

棘皮动物是无脊椎动物中最高等的门类。主要可分：海胆、海林檎、海百合及海星等。由于硬体构造复杂而奇特，又难于获得完整个体，故观赏价值较高。

　　海百合硬体可分为根、茎、冠三部分，冠部又分萼和腕，均由钙质骨板组成。萼常呈球形或杯形，由交错排列的几圈钙质骨板组成，其上有小骨板组成的萼盖（图5-17，图5-18）。海百合为海生，最早出现于寒武纪，以石炭纪为最盛。

图5-17　海百合（一）

图5-18　海百合（二）

七、鱼类

　　鱼类是一种较低等而种类繁多的水生脊椎动物。鱼类起源很早，在数亿年的演化过程中，有一些古老的种类早已经绝灭。继之而起的是一些新兴的种类。泥盆纪以前，其他脊椎动物还没有，而鱼类已兴起并走向繁盛，相对来说，鱼类在泥盆纪已相当繁多，占据了一定的优势，所以把泥盆纪称作"鱼的时代"。

泥盆纪的原始鱼类（无颌类及盾皮鱼类）主要分布于滇东、桂中及湘、鄂等省区，保存的岩性以砂岩、粉砂岩为主。中生代晚期的硬骨鱼类化石丰富，产地较多。

1. 狼鳍鱼

狼鳍鱼体长一般5~12cm，眼大，背鳍位置靠后，脊椎43~50节，尾正型，末端尾椎骨向上扬，属淡水鱼类（图5-19）。主要产于辽、鲁、冀上侏罗统（J_3）的浅色页岩中。

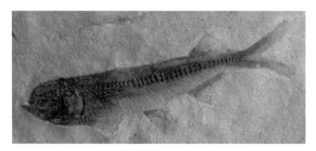

图5-19　狼鳍鱼

2. 江汉鱼

江汉鱼头小，体形宽且短，体长一般10~15cm，形态侧扁，尾正型对称（图5-20）。

八、两栖类

两栖类是一类在个体发育过程中或多或少需经过变态的生物，幼体以鳃呼吸，适于水栖，成体一般以肺呼吸，适于陆栖。我国发现的两栖类化石并不多，但其具有极高的观赏价值。两栖类最早出现于晚泥盆世、石炭至二叠纪时繁盛，是水生生物向陆生爬行类发展进化的见证。

图5-20　江汉鱼

九、爬行类

爬行类是地史时期曾繁盛一时的庞大类群，为真正的陆生四足动物，可以产卵在陆地孵化，幼虫不再变态。原始的爬行类最早出现在古生代末期，中生代盛极一时，曾遍及陆地、空中、海洋及河湖沼泽等生活环境，中生代末急剧衰落，仅有少数延续至今。

恐龙是一类仅繁盛于中生代的以陆生为主的爬行动物，最早出现于晚三叠世，白垩纪为鼎盛期，白垩纪末绝灭。我国是世界上恐龙化石最丰富的国家之一。

1. 贵州龙

贵州龙化石，是20世纪50年代在中国贵州省发现的，故名贵州龙。其特点是颈长，头呈三角形，眼眶大而圆，四肢细长，前肢比后肢稍粗，爪短，体型酷似现代爬行类的蜥，其体长10~30cm（图5-21）。虽然贵州龙个体小，却是"龙族"的祖先。产于贵州兴义中三叠统（T_2）上部灰色至灰黑色薄层状泥质灰岩、钙质粉砂岩及泥质粉砂岩中。

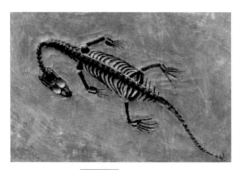

图5-21　贵州龙

2. 矢部龙

矢部龙颈短、身长、尾长，个体长一般为 14~20cm（图 5-22）。主要产于辽宁建昌上侏罗统（J_3）或早白垩统（K_1）下部。

图5-22　矢部龙

十、哺乳类

哺乳类是脊椎动物中最高等一类，具有更广泛的适应能力，恒温、哺乳、脑发达，绝大部分为胎生。哺乳类的牙齿高度分化，能从牙冠的结构特征和外形判断和区分不同的品种和食性。哺乳类的头骨和角，也是区分属类的重要依据。

十一、植物类

地史上最早出现的生命是属于植物界的，在距今 35 亿年的太古代就发现了最原始的蓝藻类和菌类化石。太古代及元古代早期是原始菌藻类的时代；元古代中期到奥陶纪是海生藻类植物繁盛的时代；志留纪到石炭纪是陆生孢子植物繁盛的时代；二叠纪到侏罗纪是裸子植物繁盛的时代；白垩纪和新生代是被子植物繁盛的时代。植物的化石观赏石主要来自晚古生代和中生代的孢子植物和裸子植物，部分为新生代的被子植物。

1. 叠层石

叠层石是由藻类在生命活动过程中，将海水中的钙、镁碳酸盐及其碎屑颗粒黏结、沉淀而形成的一种化石。随着季节的变化、生长沉淀的快慢，形成深浅相间的复杂色层构造，叠层石的色层构造，有纹层状、球状、半球状、柱状、锥状及枝状等（图 5-23）。中国叠层石十分丰富，北方中元古界白云岩、白云质灰岩及灰岩中普遍产出；在南方新元古界震旦系上部白云质灰岩及硅质白云岩中亦有产出。

图5-23　*叠层石*

2. 轮叶

轮叶为蕨类植物芦木类的枝叶化石，其特征是每个小叶片的长短大小相近，呈均匀放射状轮生于茎节上（图 5-24）。轮叶化石，主要产于各地陆相石炭系及二叠系地层中。

3. 蔡耶贝尔脑蕨

蔡耶贝尔脑蕨为真蕨类植物化石，中轴强，具凸肋及纵纹，呈羽状复叶，小叶羽片狭长，向顶端部狭细，基部聚收缩。中脉粗，侧脉以锐角伸出，多次分叉成束状。实羽片较短而狭瘦，以宽角度伸出（图5-25）。主要产于甘、陕、晋等地的上三叠统（T_3）陆相地层中。

图5-24 轮叶　　　　图5-25 蔡耶贝尔脑蕨

4. 侧羽叶

侧羽叶为裸子植物的苏铁类化石，叶为单羽状，裂片线形至舌形，基部全部侧生于羽轴两侧。叶脉平行，分叉或不分叉（图5-26）。主要产于南方诸省的上三叠统（T_3）至侏罗系（J）陆相地层中。

5. 硅化木（木化石）

硅化木是指已经过石化的植物枝干化石。当植物（主要是乔木）被沉积物快速掩埋后，在缺水的干旱环境下，木质不易腐烂，并在漫长的石化过程中，被二氧化硅等矿物质交代了木质的纤维状结构，并保存了枝干的外形（图5-27）。主要产于冀、新、辽、滇、赣等地的中生代及新生代干旱环境下的陆相地层中。

图5-26　侧羽叶

图5-27　硅化木

十二、遗迹化石

遗迹化石是指地史时期各类生物在生活活动过程中所遗留下来的痕迹和遗物。生物留下的足迹经过成岩作用（石化作用）形成坚硬的足迹化石，保存在沉积岩中。痕迹化石常见的有各种足迹、移迹、潜穴、钻孔等；遗物化石常见的有各种卵生生物的蛋、粪便等。

最具观赏价值的遗物化石有：恐龙蛋（图5-28）、鸟蛋、龟蛋、鱼卵、恐龙足迹、鸟类足迹、三叶虫爬迹等。

图5-28　恐龙蛋化石

第五节

中国著名的古生物化石群

一、云南澄江动物化石群

澄江动物群发现于 1984 年 7 月 1 日，位于我国云南澄江帽天山附近。生动地再现了 5.3 亿年前海洋生命壮丽景观，是迄今为止地球上发现分布最集中、保存最完整、种类最丰富的寒武纪早期古生物化石群，其化石之精美、门类之众多，为世界近代古生物研究史上所罕见。2012 年 7 月，在俄罗斯圣彼得堡举行的第 36 届世界遗产委员会会议上，澄江化石地被列入《世界遗产名录》，填补了中国化石类自然遗产的空白。澄江动物化石群诠释了生命的起源过程，补充了达尔文的进化论，代表着世界化石遗迹保存的最高质量。

在云南澄江动物化石群的重大发现，引起了世界古生物学界的广泛关注，《自然》《科学》等国际权威学术刊物，相继刊登文章，向全世界描述了在 5.3 亿年前的寒武纪，地球生命曾在云南澄江集体爆发的壮观场景。这是目前世界上发现最古老、保存最完整的软体动物化石群。

自 1984 年发现"纳罗虫"以后的 10 年间，近 10 个国家的 50 多位科学家在这一带采集化石标本约 5 万块，开展了大量的科学研究工作，从而揭示了 5.3 亿年前浅海水域中各种生物的奇异面貌，涵盖了现代生物的多个门类，包括植物界的藻类，无脊椎动物中的海绵动物类、腔肠动物类、栉水母类、叶足类、水母状生物、节肢动物等。有的动物因未曾见过而无法分属，只能以发掘地名来命名，如抚仙湖虫、帽天山虫、昆明虫和云南虫等。这些生物，小的只有几毫米，大的则有几十毫米，形状千姿百态，有的像海绵、蠕虫、水母、海虾，有的像帽子、花瓶、花朵、圆盘等，不胜枚举。其中发现的云南虫，被证实是地球上最古老的半索动物，从而解决了生物进化论上一个最棘手的难题之一，即脊椎动物与无脊椎动物两大类别的演化关系。这一发现在进化生命科学上具有极为重要的意义。澄江动物化石群的发现被国际学术界列为"20 世纪重大科学发现之一"。

二、山东临朐山旺古生物化石群

山旺化石群，又称山旺古生物化石群，产于我国山东省临朐县山旺村。山旺古生物化石形成于 1800 万年的新近纪中新世，是中国唯一、世界罕见的在中新世保存完整、门类齐全的地层古生物化石遗迹。

山东临朐山旺古生物化石被列为世界遗产之最，发掘于临朐县城东 20km 的山旺村。其间保存着 1800 万年前各种动植物化石。这些化石种类繁多，精美完好，印痕清晰，栩栩如生，被誉为"化石宝库""万卷书"，是一座古生物化石天然博物馆。现已发现的有 10 多个门类，400 余种。植物化石有苔藓、蕨类、裸子植物和被子植物；动物化石有昆虫、鱼、两栖、爬行、鸟和哺乳动物各类。

三、辽西热河生物化石群

热河生物群属于中生代，主要分布在以辽西地区为代表的北方地区，其独特完整的陆相中生代地层，保存了世界罕见的古生物化石宝库，堪称 1.4 亿年以前东亚古陆上的"侏罗纪公园"。热河生物群的化石在我国的发现历史很长，但是从 20 世纪 90 年代初开始，才在国际上引起广泛的重视。最早的重要化石发现是一些保存完整的早期鸟类，它们填补了鸟类演化在这一地质历史时期的空白，随后是一系列其他重要化石，如哺乳动物、带毛的恐龙、原始的被子植物等的发现，把热河生物群的研究逐步推向了国际前沿。

辽宁西部北票中华龙鸟化石的发现，一举打破了德国在早期鸟类化石方面的垄断地位。初步认为鸟类是由小型恐龙演化而来，其科学价值无法估量。中华龙鸟是鸟类真正始祖，其发现，有力地支持了鸟类系由小型兽脚类恐龙演化而来的学说，并将原始鸟类演化历史分为四个阶段：中华龙鸟期—始祖鸟期—孔子鸟期—真鸟期。四个阶段的代表在辽宁西部都有发现，这些发现引起了世界轰动。

四、中国的恐龙化石

距今二亿两千八百万年前，地球大陆上出现了一种大型爬行动物——恐龙。从三叠纪末期起，它们就不断地发展、繁衍、演化并在侏罗纪和白垩纪成为地球上的统治者，大部分恐龙于白垩纪晚期灭绝，一小支进化成了鸟类。整个演化时间大约为一亿七千万年。

中国的恐龙化石资源丰富，从20世纪初，发现第一具恐龙化石后，先后发现的恐龙化石达到100多个属，160多个种，占世界已发现属种的17%。目前，我国是世界上产出恐龙化石最多的国家之一。

我国的中生代陆相盆地发育，地层分布连续，恐龙化石主要产于早侏罗世至晚白垩世地层中。恐龙骨骼化石的分布贯穿中国大陆，以西南地区及华北地区埋藏最为丰富。恐龙蛋化石仅发现于白垩纪地层中，华东地区及华中地区分布最为广泛，而华南地区数量最多。恐龙足迹化石在中国13个行政区域均有发现，以华北地区和西南地区分布较广。

中国恐龙骨骼化石主要分布在西南地区的四川自贡及四川盆地其他地区、云南禄丰的中、下侏罗统；西北地区的新疆的准噶尔盆地、甘肃永登等地的上侏罗统和下白垩统；华北地区的内蒙古二连浩特盐池和查干诺尔及河北下白垩统；华东地区的山东诸城等地的下白垩统；东北地区的辽宁北票、义县等地的下白垩统等。

中国的恐龙蛋化石分布广泛，埋藏数量丰富。无论是数量还是质量上，在世界上都是首屈一指的。据统计，我国已在河南、广东、江西、湖北、广西等多个省（区）发现有恐龙蛋化石产出。其中，储存量最丰富的是河南、江西、广东和湖北。

事件石类观赏石，是指外星物质坠落、火山、地震等重大地质事件遗留下来的石体，主要包括陨石和火山喷发作用形成的火山弹等石体。

陨石

陨石，是指地球之外的宇宙中的流星脱离轨道或破碎成碎块散落到地球上的石体，是人类直接认识太阳系演化的珍贵样品和窗口。陨石陨落是一种美丽壮观的自然现象，从远古时候起，就一直引起了人们的注意。根据古籍记载，中国在距今 4000 年前的夏代，就已经有关于陨石雨的记载。到目前为止，美国阿波罗号宇宙飞船从月球表面取得月球岩石，日本隼鸟号太空探测器成功登陆龙宫小行星并采取样品。而我国首个实施无人月面取样返回的月球探测器嫦娥五号，于 2020 年 11 月 24 日，由长征五号遥五运载火箭成功发射升空，并将其送入预定轨道。12 月 17 日凌晨，嫦娥五号返回器携带 1731g 月球样品着陆地球。此外，陨石是迄今为止来自地球以外的唯一物质，也成为了人类研究太阳系不可替代的样品。陨石一般按成分和结构进行分类，根据金属和硅酸盐的含量，可进一步划分为：铁陨石、石铁陨石和石陨石。

一、陨石的成因

根据大多数陨石中的冲击脉络和角砾化特征判断，陨石是地球以外未燃尽的宇宙流星，脱离原有轨道散落到地球或者其他行星表面的物质。陨石依据其内部铁镍金属含量的不同，可以分为石陨石，石铁陨石和铁陨石。对比陨石的矿物和化学成分与小行星反射光谱的成分数据，以及探测器的实物取样对比研究，已经证实，大多数陨石的母体来源于火星与木星的小行星带。小部分来自月球和火星及其他星体。

陨石在下落的过程中，速度可以达到每秒80千米，当进入大气层的时候，由于大气层的密度较大，陨石受到的阻力就越来越大，陨石的下降速度逐渐减慢，最后降为每秒10~20千米。由于与大气层的急剧摩擦，使得陨石的表面温度急剧升高，陨石的表面开始熔化燃烧，当陨石的内部和外面的温度和压力达到一定程度的时候，陨石就会爆炸解体，从而会发出巨大的声响，这种声波也会对地面带来很大的冲击波和破坏性。

据估计，每年到达地球附近的、质量大于100kg的陨星体有1500颗左右，但最终残留在地球上的陨石，质量也不过10kg左右。而这其中，大部分都来源于太阳系的小行星（约占97%），少量来自于月球、火星或其他星系。

大多数掉下来的陨石是一种外表黑色内部具有圆形细沙状颗粒黏结而成的结构，并散布有金属颗粒亮点的石头，这种陨石母体内部比较均匀，但显然较小而容易掉到地球上，一般将它们称为球粒陨石或未分异的陨石；还有些不太常见的陨石，它们有时是铁，有时是不含球粒的石头，有时则是铁和石头的混合物，从这些陨石的内部特征判断，其母体必然是不均匀的，现在将它们统称为分异的陨石。

从科学角度来看，通过陨石可以研究星云团的起源，太阳系的形成，生命的起源，甚至太阳系外物质的构成。通过研究陨石的化学物质成分，可以有效地提高基础科学研究的水平，为研究新的化合物和新材料提供数据和样品，对陨石中所含的元素以及陨石飞行规律的研究，不仅能帮助人类探索宇宙的奥妙，而且可以帮助人类深入走向太空，探索星际提供一定的技术支持。

从收藏角度而言，陨石是天外来客，具有神秘性和稀有性，古今中外，都流传着很多关于陨石的故事，更增添了陨石的珍贵性，所以它受到了很多收藏家和陨石爱好者的青睐。

二、陨石的分类

（一）根据陨石的成分和结构分类

1. 铁陨石（陨铁）

铁陨石，主要由铁纹石和镍纹石两种矿物组成，铁镍金属含量可达95%以上，因此也称为铁镍陨石。其次含有少量的石墨、陨磷铁镍矿、陨硫铬矿、陨碳铁、铬铁矿和陨硫铁等。在化学成分上除铁和镍外，还含有钴、硫、磷、铜、铬、镓、锗和铱等元素，其密度高达 $8\sim8.5g/cm^3$。有少数铁陨石中，还含有硅酸盐包裹体。虽然铁陨石只占陨石总量的4.6%，但由于它在野外具有较高的识别性，其寻获量高达40%。

根据铁陨石中镍的含量，可将铁陨石分为：

① 八面体铁陨石。Ni含量约6%~14%的铁陨石，适合于铁纹石和镍纹石的共生，陨石中铁纹石沿镍纹石八面体晶体的三个方向的晶面排列，因而在其抛光面上呈现出独特的结构特征，称为维斯台登构造（维斯台登花纹，图6-1）。由于绝大多数铁陨石属于八面体铁陨石，因而维斯台登构造被认为是区别铁陨石和人工合金的重要标志。

图6-1 铁陨石的维斯台登构造

② 六面体铁陨石。Ni含量约低于6%的铁陨石，没有维斯台登构造，主要是大的铁纹石单晶体，这些铁陨石具六面体解理。

③无纹铁陨石。Ni含量超过14%时，细粒八面体铁陨石的维斯台登构造消失，只能见到细粒铁纹石和镍纹石呈角砾斑杂状的交生现象。当Ni含量达25%~65%时，形成无结构的铁陨石，这种陨石主要由镍纹石组成，含有一些小的铁纹石包裹体和少许其他的矿物。大多数铁陨石都显示冲击效应的特征。

世界上最大的铁陨石，见表6-1。

表6-1 已知世界上最大的铁陨石一览表

序号	名称	重量/t	发现时间（年）	发现地点	现收藏地
1	霍巴	约60	1920	纳米比亚	纳米比亚，赫鲁特方丹
2	艾尔·查科	37	1969	阿根廷	阿根廷
3	阿尼希托	31	1894	格陵兰约克角	美国纽约自然历史博物馆
4	银骆驼	28	1898	中国新疆青河县	新疆维吾尔自治区地质矿产博物馆门前
5	巴库比里托	约22	1892	墨西哥	墨西哥
6	阿格帕里利克	约20	1963	格陵兰约克角	丹麦哥本哈根地质博物馆
7	孟伯希	约16	1930	坦桑尼亚	坦桑尼亚
8	威拉姆特	约15.5	1902	美国俄勒冈州	美国纽约自然历史博物馆

世界第一大铁陨石，1920年发现于非洲纳米比亚北部小城赫鲁特方丹的霍巴（Hoba）农场，称为"霍巴铁陨石"。这块大陨石长2.95m，宽2.84m，厚度在0.75~1.22m，重约60t，陈列在一座类似于古希腊剧场的环形阶梯式看台正中（图6-2~图6-4）。

图6-2　霍巴铁陨石

据说这块大陨石形成于约 1.9 亿~4.1 亿年前,于 3 万~8 万年前坠落到地球上。霍巴铁陨石自坠地以来,一直默默无闻地在土中埋了几万年,直到 1920 年才被霍巴农场的开发者,从泥土中无意间刨出。

图6-3 霍巴铁陨石(局部一)

图6-4 霍巴铁陨石(局部二)

霍巴铁陨石的成分,其中铁为 82.4%、镍 16.4%,钴为 0.76%,微量元素包括:碳、硫、铬、铜、锌、镓、锗和铱。霍巴铁陨石是一块镍铁陨石。

世界第四大铁陨石,1898 年发现于我国新疆阿勒泰地区青河县银牛沟,名为银骆驼铁陨石,重 28t。1965 年 7 月运至乌鲁木齐,现存于新疆维吾尔自治区地质矿产博物馆门前(图 6-5)。"银骆驼"长 2.58m、宽 1.89m、高 1.76m,外形呈不规则形状,体积 3.5m³,含铁 88.7%,含镍 9.3%,还有少量的钴、铬等。其中含有 6 种地球上没有的矿物:锥纹石、镍纹石、变镍纹石、合纹石、陨硫铁和磷铁镍等宇宙矿物。2004 年,在新疆阿勒泰东部地区发现一块重达 430kg 的 Ulasitai 铁陨石。2011 年,在阿勒泰西北部的克兰峡谷发现一块重达 5t 的 Wuxilike 铁陨石。经过大量的测试分析和对比研究证明,上述三块铁陨石是成对陨石，也就是说它们是同一母星在空中爆裂散落形成。鉴于此，2016 年，国际陨石学会正式批准，将包括这三大陨石在内的陨石雨统称为阿勒泰陨石雨（Aletai），其洒落范围全球最大，长达 425km。

图6-5 "银骆驼"铁陨石（现存放于新疆维吾尔自治区地质矿产博物馆门前）

2. 石铁陨石

石铁陨石由铁、镍和硅酸盐矿物组成。相对比较罕见，仅占陨石数量的 2%~4%，铁镍和硅酸盐矿物的含量相当（30%~65%），密度约为 5.5~6g/cm³，主要包含橄榄石、各种辉石、铁纹石、镍纹石等矿物。

石铁陨石中橄榄石铁陨石最漂亮，由德国科学家彼特·西蒙·帕拉斯（Peter Simon Pallas）于 1772 年发现并命名。当橄榄石铁陨石被切开并抛光之后，那些呈黄绿色，大小不一的宝石级的橄榄石晶体就会完美地呈现出来（图 6-6）。

目前，世界上最大的橄榄石铁陨石为发现于我国新疆的阜康陨石（图 6-7），重达 1003kg，它里面所含的橄榄石晶体直径最长达 10cm，令人叹为观止，被认为是目前最具观赏价值的橄榄石铁陨石。

图6-6 橄榄石铁陨石

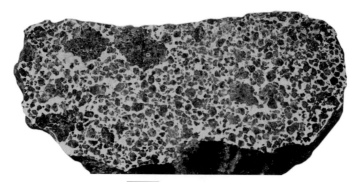

图6-7 阜康陨石的切面

3. 石陨石

石陨石主要由硅酸盐特别是铁镁硅酸盐矿物组成，金属铁镍含量低于30%，其成分和外表很像超基性岩，密度为 3~3.5g/cm³，是坠落数量最多的陨石（图 6-8）。在野外很容易被当作普通岩石，所以尽管陨落数量很大，占92% 以上，但寻获数只占总量的 56.3%。

图6-8 石陨石

石陨石的成分主要是铁和镁的硅酸盐，矿物成分是橄榄石和辉石，镍、铁含量较少，很接近玄武岩的成分。根据是否含有球粒，石陨石分成球粒陨石和无球粒陨石。

球粒陨石主要由橄榄石、辉石、斜长石、铁镍微颗粒以及少量其他矿物组成。除上述矿物成分外，还有一些直径约 1mm 的圆形球粒，它们大多是玻璃质的，主要由含铁硅酸盐液滴结晶而成。

无球粒陨石不含陨石球粒，成分类似于地球上的镁铁质和超镁铁质岩石，更接近于辉石岩，其中最主要的矿物是辉石和斜长石。

目前，已知世界上最大的石陨石是 1976 年 3 月 8 日陨落在我国吉林省吉林市永吉县，重达 1770kg，它穿透 1.7m 深的冻土层，遁入地下 6.5m，在地面留下一个直径为 2.1m 的大坑，这块特大陨石，被命名为"吉林一号"，现收藏在吉林省吉林市陨石博物馆内（图 6-9）。

图6-9　"吉林一号"石陨石

（二）根据陨石的获取方式分类

根据陨石的获取方式，或将陨石分为：目击陨石和寻获陨石。

1. 目击陨石

每年都有近千颗陨石陨落地面，目击者通常会看到壮观的火球并听到巨大的爆炸声，根据这些线索找到的陨石称为目击陨石。这类陨石陨落时间、地点和陨落时各种伴生现象均为已知，所以这类陨石最具有科学研究意义，因此价值也较高。

中国古代和近代有许多关于陨石陨落的记载和报道。在古代对陨石陨落景象及特征描述最详细的，首推沈括在《梦溪笔谈》卷二十神奇第 340 条的记述："治平元年，常州日禺时，天有大声如雷，乃一大星，几如月，见于东南。少时而又震一声，移著西南，又一震而坠在宜兴县民许氏中，远近皆见，火光赫然照天，许氏藩篱皆所焚。是时火熄，视寺中只有一窍如椀大，极深，下视之，星在其中，荧荧然。良久渐暗，尚热不可近。又久之，发其窍，深三尺余，乃得一圆石，犹热不可近。又久之，发其，深三尺余，乃得一圆石，犹热，其大如拳，一头微锐，色如铁，重亦如之。"沈括在此记载了治平元年（公元 1064 年）陨星陨落的自然现象。沈括之前有关陨星陨落的记载亦颇多，但均不如沈氏记述得这样详细。沈括不仅叙述了陨星陨落的全过程，而且还说明了它的形状、颜色、温度和重量。根据沈括文中的记述，这块陨星是一块铁陨石。

20 世纪 70 年代，在我国的吉林省吉林市，曾经下过一次"陨石雨"，当时的报道记载如下：

1976 年 3 月 8 日 15 时 1 分 59 秒，一颗陨星在吉林省吉林市北郊金珠公社上空爆炸，爆炸声惊天动地，隆隆迴响如巨雷滚动，持续有四五分钟之久。陨星的碎片像稀疏的雨点向四面飞溅、散落，形成了世界历史上极其罕见的"吉林陨石雨"。

陨石雨的大量小碎片散落在吉林市郊区的大屯公社、永吉县江蜜蜂公社和蛟河县天岗公社一带；稍大的陨石块直落在金珠公社一带；破裂的陨星体继续沿原来飞行方向向西飞去，先后在吉林市郊区九站公社三台子大队、孤店子公社大荒地大队和永吉县桦皮厂公社靠山大队落下三块大陨石。陨落在桦皮厂公社靠山大队的一号陨石，于 15 时 2 分 36 秒撞击地面，引起强烈的运动，它穿过 1.7m 的坚硬冻土层，砸入 6.5m 深的粘（黏）土层中，在地面上形成了一个深 3m，直径 2m 多的凹坑，坑的边缘有一圈高出地面 0.5m 的坑唇。陨石落地时，使得地面泥土飞溅，浓烟翻滚，并形成了一个五十多米高的蘑菇状尘埃云。

这颗陨星从发光、爆炸到主体坠地的全部过程共经历了约 1 分钟的时间。但是吉林地区有成千上万人看到了这位从宇宙空间飞来的"不速之客"，逾百万人听到了它爆炸的轰然巨响。

20 世纪 80 年代，在我国的湖北省随州市，也下过一次"陨石雨"，根据当时的报道记载如下：

1986 年 4 月 15 日 18 时 52 分，在随州市南部上空突然弧光一闪，接着传来一阵闷雷声。据随州气象站观测，闷雷声持续了近一分钟，陨石爆裂和烧蚀产生的"烟雾"位于自西向东伸展的薄卷云之下，烟雾呈碎云状分布。在大堰坡镇上空，烟雾像一朵"白云"，挑水河村九组农民方顺祖、方云平看见天空一团黑糊糊的东西拖着一条弧光，轰隆一声砸在离他们100m远的麦地里。随后，几十个农民跑到陨落地点，掘地33cm深，挖出了重达55kg的最大陨石碎片；一块2.35kg的陨石在大堰坡村五组张明才的房子上将一根椽子打断；一块约5kg的陨石落在大堰坡粮店房顶的水泥预制板上，砸出一个直径近25cm的坑，由陨击坑的形状和擦痕估计，该陨石的陨落方位约为SW200°→NE20°；一块重约30kg的陨石连续打断大闻家洼（永丰园）半山坡上的两棵松树后，在地上砸出一个浅坑，第一和第二棵树的断点离地面的高度依次为482cm和262cm，它们距陨击坑中心的距离依次为116cm和72cm，由上述参数估算得到该陨石的落地倾角约为75°，方位为SW245°→NE65°。

2. 寻获陨石

偶然被发现或者专门搜寻到的陨石则被称为寻获陨石。它们通常会以距离发现地最近的城镇、地理位置或者邮局名称来命名。据统计，目击陨石的占比不到3%，这说明大部分陨石，并没有坠落时的目击证据。

此外，陨石陨落会引发陨击事件，陨击事件所形成的陨击坑大多都湮灭在地表更新迭代的地质运动中，能够保留下来的为数寥寥。玻璃陨石（Tektite）就是陨星撞击地球时、地表物质熔融后快速凝结形成的一种天然玻璃，虽然名称中包含了"陨石"二字，但它并不属于陨石，只能作为证明陨石或小行星撞击地球事件的物质。其中，一些色泽艳丽、无杂质的玻璃陨石备受人们喜爱，还成为了宝石的材料，比如来自捷克的莫尔道玻璃陨石（图6-10）和产于我国海南、广东等地的雷公墨。

图6-10　莫尔道玻璃陨石

玻璃陨石为半透明的玻璃质体，有微弱磁性，颜色为墨绿色、绿色、淡绿色，棕色，褐色，深褐色，还有少见的朱砂色。密度为 2.6~3.0g/cm³。玻璃陨石是在高温、高压和高速下形成的，所以它有明显的形成特征：内部高纯度无杂质，通体布满致密的小气泡，外部有融壳，融壳上有流纹，外部和融壳下有时会产生大的气印。

（三）陨石的主要富集区

相比于其他地球资源，陨石属于外来物，其资源稀少珍贵，亦不具备源产地的概念，定义为陨石资源富集区更为妥当。由于地球的球形特征，从天而降的陨石到达地表各处的概率是随机、均等的，但是，地球表面大部分被海洋、高山、森林所覆盖，加之九成以上的目击陨石都会在湿润环境中快速风化。

因此，在人类活动频繁的地域，除了流星陨石外，找到陨石的概率是很低的。而沙漠、南极大陆这些区域，由于背景单一、视野通透、气候干燥、植被稀少、人迹罕见，天然地成为陨石富集区，也成为人类寻找陨石效率最高的区域。

根据国际陨石协会数据库的资料显示，世界上已知的陨石约 25% 发现于沙漠地区，如北非的撒哈拉沙漠、阿拉伯半岛的沙漠地区等，近 65% 发现于南极冰原地区。尽管南极和沙漠地区陨石资源相对富集，但自然条件极其恶劣，陨石的寻找获取过程可谓是艰难之旅。

三、陨石的鉴别

陨石，通常可以根据以下特征加以鉴别。

1. 根据表面的特征鉴别陨石

① 熔壳。由于陨石在坠落时，与大气层摩擦燃烧的温度可达到几千度，表面已经熔化，由于大气层阻力影响，飞行速度越来越慢，温度也是逐渐的冷却，就会在陨石的表面形成一层薄薄的黑色的玻璃质壳，称之为熔壳。陨

石熔壳一般呈黑色，但熔壳经风化后，颜色会发生改变。

②熔流线。陨石表面燃烧熔化流过的痕迹，称之为熔流线。

③气印。陨石受气流的吹动和影响，陨石的表面会形成像手指按下的大小不一的印记，称之为气印。气印类似于人的大拇指按在黏土泥块上留下的痕迹，陨石形态不规则，是否有熔壳、熔流线和气印成为鉴别陨石真假的重要依据（图6-11）。通常情况下，陨石体积的大小与气印的大小成对应关系。陨石体积大，气印也大，陨石体积小，气印也小。

图6-11 陨石表面的熔壳和气印

2. 根据磁性鉴别陨石

用吸铁石测定疑似陨石有无磁性。磁性一般分为强磁性、中等磁性、弱磁性、微弱磁性四类。铁陨石主要由铁纹石和镍纹石合金构成，所以有强磁性。石铁陨石主要由铁镍合金和硅酸盐矿物构成，所以有中等或中等偏强磁性。球粒石陨石体内除含有硅酸盐球粒外，还含有微小的铁镍合金颗粒，所以有弱磁性。无球粒石陨石主要由硅酸盐矿物构成，并含有微量金属元素，所以无磁性或有微弱磁性。磁性的有无和强弱，可以帮助鉴别陨石。

3. 根据所含球粒鉴别陨石

球粒陨石是陨石中数量最多的，根据球粒鉴别和判断陨石是一种非常有效的方法。只要发现球粒的存在，就可以鉴别陨石。球粒大小一般在3mm以内，呈圆形或椭圆形，颜色为深灰色，且球粒均一，质地坚硬，小刀刻划不动。

4. 根据特殊的构造现象鉴别陨石

通常铁陨石中具有维斯台登构造，根据这一特殊构造现象，可以鉴别铁陨石。

5. 根据密度鉴别陨石

陨石的密度普遍大于地球岩石，因此测定密度也是鉴别陨石的重要方法。铁陨石的密度甚至可达地球岩石的3倍。

第二节

火山弹

众所周知，岩石是构成地壳的物质基础。按岩石的成因可分为岩浆岩、沉积岩和变质岩，而这三类岩石是不断转化、循环往复的。火山弹是火山作用的固体喷发物的一种，主要产于新生代火山分布区，多含气孔构造，外壳往往由于快速冷却而呈玻璃质。火山喷发时，炽热的岩浆及其包含的固体岩块，划出一道道美丽的弧线，在飞行过程中快速冷凝，然后重重地摔落地面，就像大炮打出去的炮弹，这就是火山弹（图6-12）。

火山喷发时，将地下炽热的岩浆像发射炮弹一样喷射到空中。在空中快速飞行过程中，熔岩因流体动力学的原因，还会做自身的旋转运动，一边飞行，一边旋转、冷却，于是就形成了流弹形、麻花形、纺锤形、椭球形、陀螺形、桃形、牛角状等奇特的形状（图6-13~图6-17）。

图6-12　火山弹［中国地质大学（武汉）逸夫博物馆藏］

图6-13　椭球形火山弹

图6-14　球形火山弹

图6-15　陀螺形火山弹

图6-16　桃形火山弹

图6-17　牛角形火山

火山弹在撞击地面那一刹那，如果熔岩还没有彻底冷却凝固，火山弹就可能被摔成饼状、牛粪状或其他的不规则形状。如果地面坚硬，在撞击地面那一刹那，熔岩已经冷却凝固，火山弹则会被摔得粉身碎骨。

火山弹大小差别很大，一般长度在5~50cm之间，越大的火山弹越是降落在离火山口近的地方，例如火山口附近及火山锥的斜坡上，地质学家据此可以确定古火山口的位置。

火山弹主要分布在新生代火山区，我国北起黑龙江省的五大连池，南至海南岛都有产出，但由于人为采集和破坏，十分完整的已不多见。火山弹可以直接反映岩浆的成分和物质来源，具有重要的科学研究价值。火山弹作为一种观赏石，也越来越受到观赏石收藏者的青睐。

参考文献

[1] 袁奎荣, 邹进福, 等. 中国观赏石[M]. 北京: 北京工业大学出版社, 1994.

[2] 卢保奇. 观赏石基础教程[M]. 上海: 上海大学出版社, 2005.

[3] 王根元. 矿物学[M]. 武汉: 中国地质大学出版社, 1989.

[4] 潘兆橹. 结晶学及矿物学(上册、下册)[M]. 北京: 地质出版社, 1994.

[5] [德]贝特赫尔德·奥腾斯. 中国矿物及产地[M]. 北京: 地质出版社, 2013.

[6] 王昶, 申柯娅. 矿物晶体观赏石[M]. 北京: 化学工业出版社, 2015.

[7] 中国地质博物馆, 美国时尚矿物公司. 世界矿物精品[M]. 北京: 地质出版社, 2010.

[8] 谢文伟, 周仁元, 黄体兰. 普通地质学[M]. 北京: 地质出版社, 2017.

[9] [英]西里尔·沃克, 戴维·沃德. 化石[M]. 谷祖纲, 李小波, 译. 北京: 中国友谊出版公司, 2003.

[10] 崔云昊. 矿物名称词源[M]. 武汉: 中国地质大学出版社, 2021.

[11] 杨忠耀. 中华奇石美学鉴赏(之一)[J]. 珠宝科技, 1996,(3): 36-38.

[12] 杨忠耀. 中华奇石美学鉴赏(之二)[J]. 珠宝科技, 1996,(4): 38-39.

[13] 孟祥振, 赵梅芳. 观赏石及其分类[J]. 上海大学学报(自然科学版), 2002, 8(2): 127-129.

[14] 彭德祥. 东方赏石与西方赏石[J]. 珠宝科技, 1996,(4): 35-37.

[15] 袁奎荣, 邹进福, 刘文龙. 中国观赏石[J]. 桂林冶金地质学院学报, 1994, 14(3): 215-221.

[16] 谈向荣. 石灰岩类景观奇石的成因与产出环境[J]. 盆景赏石, 2013,(6): 86-88.

[17] 段春雪. 太湖石审美形象研究[J]. 中国民族博览, 2019,(10): 210-211.

[18] 王书艳. 太湖石的审美发现——唐代咏太湖石诗篇赏论[J]. 名作欣赏, 2016,(17): 33-34, 37.

［19］郑学信，刘永，周栗. 灵璧石的研究. 安徽地质，1996，6（1）：58-62.

［20］赖展将，李晓雪，林志浩. 中国英德石［J］. 广东园林，2017，39（4）：17-20.

［21］贾昌娟，汪秀霞. 巢湖石审美文化研究［J］. 巢湖学院学报，2013，15（2）：15-18.

［22］杨忠耀. 文字石鉴赏［J］. 中国宝玉石，2003，（1）：47-49.

［23］唐瑞来. 南京雨花石［J］. 资源调查与环境，2003，24（4）：306-310.

［24］苏立社. 黄河石欣赏［J］. 华北国土资源，2017，（1）：81-85.

［25］范韬. 滇西北三江并流带观赏石资源特征研究［J］. 云南师范大学学报，2004，24（2）：66-70.

［26］傅中平，黄春源，戴璐，等. 广西观赏石的特色及成因机理研究［J］. 广西科学院学报，2010，26（2）：197-201.

［27］何佳. 长江石：立体的诗，无声的画［J］. 宝藏，2020，（7）：85-88.

［28］徐金蓉，等. 中国恐龙化石资源及其评价［J］. 国土资源科技管理，2014，31（2）：8-16.

［29］黄静宁，李瞧，吕林素. 来自深空的礼物——陨石［J］. 矿产勘查，2019，10（2）：399-405.

［30］杨可欣. 宇宙的密码——陨石［J］. 大众科学，2021，（4）：58-61.

［31］柯作楷. 陨石的形成、鉴定与分类——陨石的形成［J］. 中国宝玉石，2014，（2）：153-159.

［32］王昶.《梦溪笔谈》中的矿物学史料研究［J］. 开封大学学报，2004，18（4）：14-16.

［33］中国科学院吉林陨石雨联合考察组. 世界历史上一次罕见的陨石雨［J］. 地球化学，1976，（2）：157-158.

［34］随州市科委，中国科学院地球化学研究所. 随州陨石雨考察［J］. 科学通报，1987，（9）：692-694.